目录

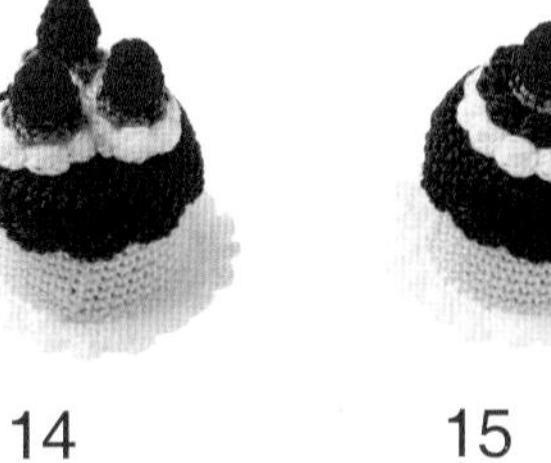

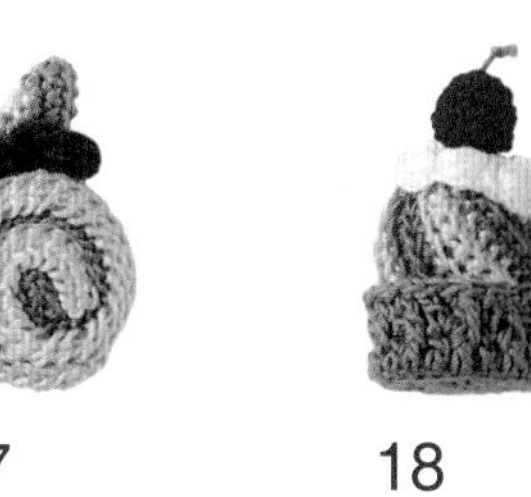

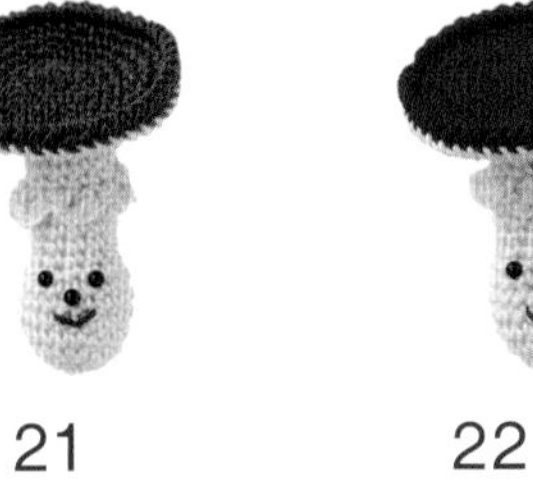

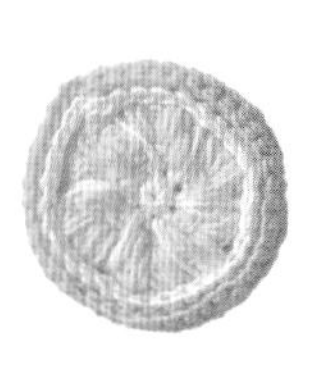

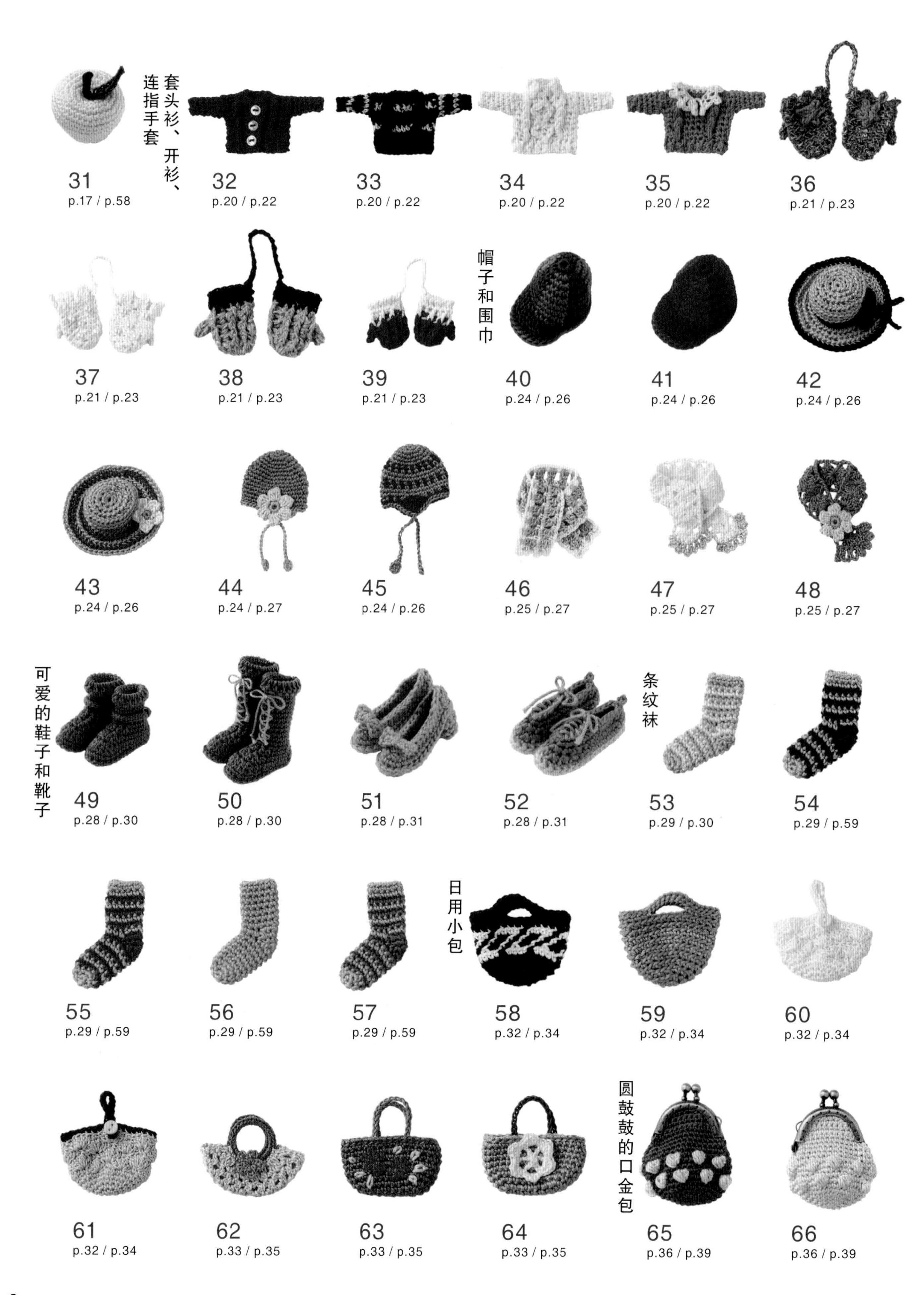
套头衫、开衫、连指手套
31
p.17 / p.58
32
p.20 / p.22
33
p.20 / p.22
34
p.20 / p.22
35
p.20 / p.22
36
p.21 / p.23
37
p.21 / p.23
38
p.21 / p.23
39
p.21 / p.23
帽子和围巾
40
p.24 / p.26
41
p.24 / p.26
42
p.24 / p.26
43
p.24 / p.26
44
p.24 / p.27
45
p.24 / p.26
46
p.25 / p.27
47
p.25 / p.27
48
p.25 / p.27
可爱的鞋子和靴子
49
p.28 / p.30
50
p.28 / p.30
51
p.28 / p.31
52
p.28 / p.31
条纹袜
53
p.29 / p.30
54
p.29 / p.59
55
p.29 / p.59
56
p.29 / p.59
57
p.29 / p.59
日用小包
58
p.32 / p.34
59
p.32 / p.34
60
p.32 / p.34
61
p.32 / p.34
62
p.33 / p.35
63
p.33 / p.35
64
p.33 / p.35
圆鼓鼓的口金包
65
p.36 / p.39
66
p.36 / p.39

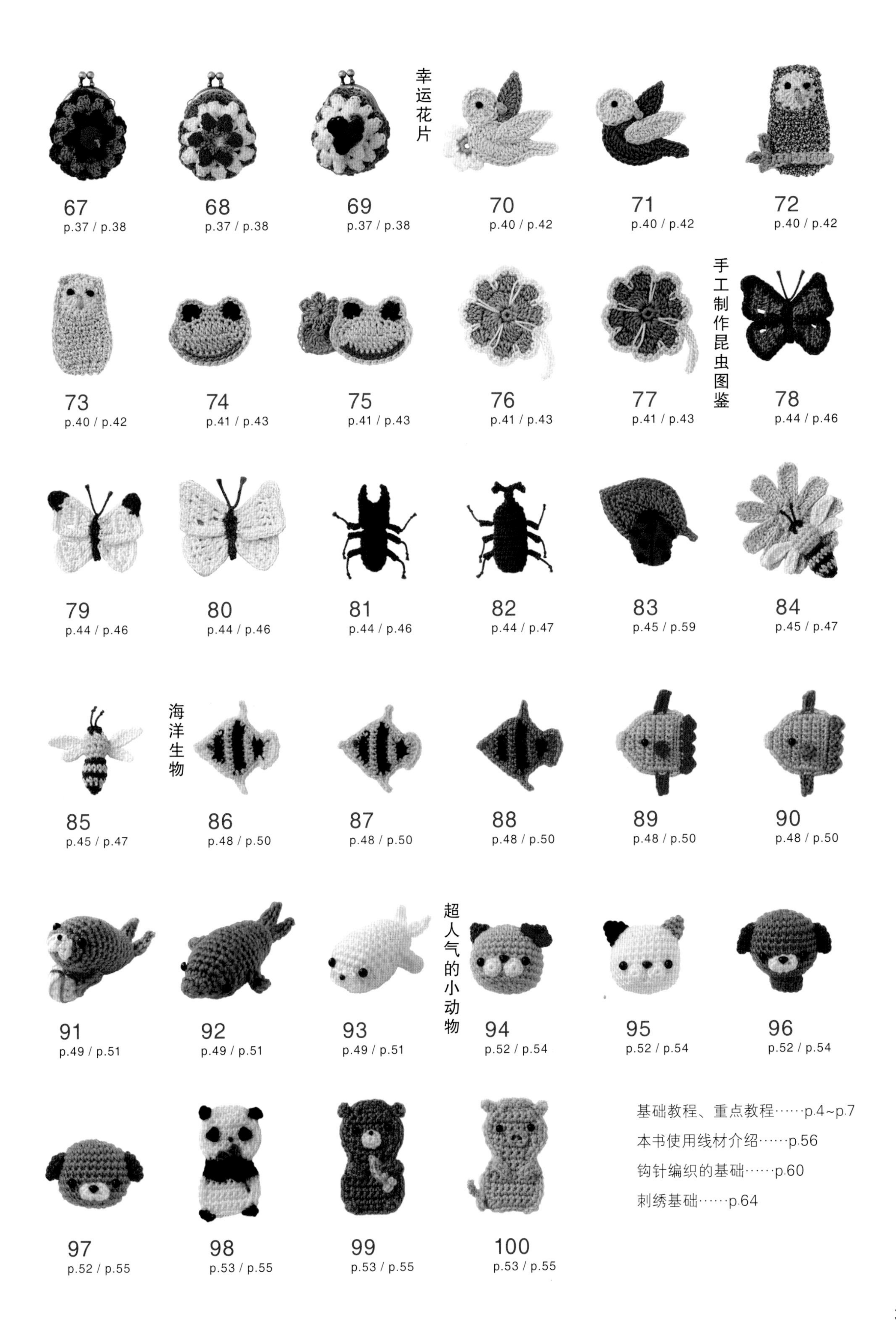

67
p.37 / p.38
68
p.37 / p.38
69
p.37 / p.38
幸运花片
70
p.40 / p.42
71
p.40 / p.42
72
p.40 / p.42
73
p.40 / p.42
74
p.41 / p.43
75
p.41 / p.43
76
p.41 / p.43
77
p.41 / p.43
手工制作昆虫图鉴
78
p.44 / p.46
79
p.44 / p.46
80
p.44 / p.46
81
p.44 / p.46
82
p.44 / p.47
83
p.45 / p.59
84
p.45 / p.47
85
p.45 / p.47
海洋生物
86
p.48 / p.50
87
p.48 / p.50
88
p.48 / p.50
89
p.48 / p.50
90
p.48 / p.50
91
p.49 / p.51
92
p.49 / p.51
93
p.49 / p.51
超人气的小动物
94
p.52 / p.54
95
p.52 / p.54
96
p.52 / p.54
97
p.52 / p.55
98
p.53 / p.55
99
p.53 / p.55
100
p.53 / p.55
基础教程、重点教程……p.4~p.7
本书使用线材介绍……p.56
钩针编织的基础……p.60
刺绣基础……p.64

基础教程

配色花样的编织方法（包住配色线编织的方法）

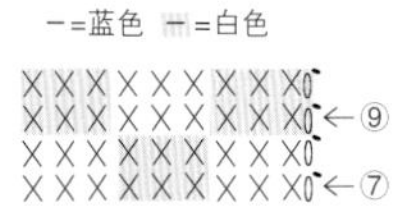

＊最后引拔替换成配色线之前的针目时，引拔配色线

※通过p.9的作品7，对制作步骤进行解说

●第7行的编织起点

1 在第7行的立织1针锁针钩织完成后，织片添加白色线，在第1针入针，如箭头所示拉出，钩织1针短针。

2 同样包住白色线钩织，钩织2针短针，第3针最后引拔前蓝色线休针，钩针挂白色线，如箭头所示引拔。

3 引拔完成。

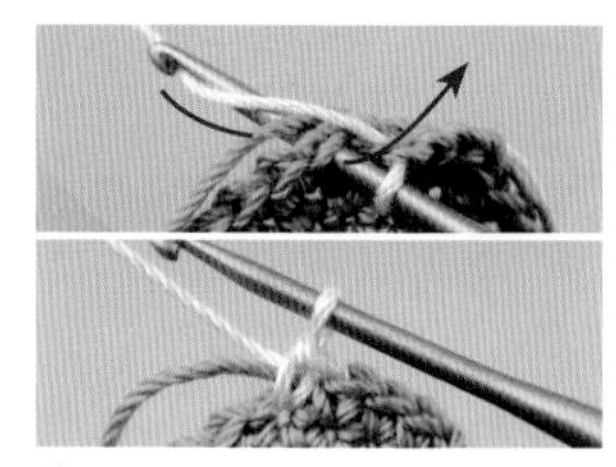

4 织片添加蓝色线，蓝色线朝上在下个针目入针，钩针挂白色线。如箭头所示拉出，再次钩针挂线，一并引拔出（上图）。下图为白色线钩织完成1针短针的状态。

5 包住蓝色线，用白色线钩织2针短针，第3针最后引拔前白色线休针，钩针挂蓝色线，如箭头所示引拔。右下图为引拔完成状态。

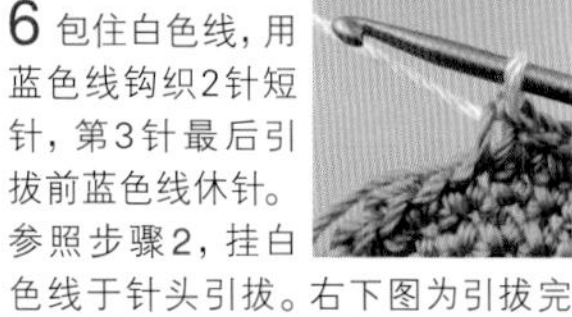

6 包住白色线，用蓝色线钩织2针短针，第3针最后引拔前蓝色线休针。参照步骤2，挂白色线于针头引拔。右下图为引拔完成状态。

●第7行的编织终点

7 重复步骤 4~6，完成整个配色花样，编织终点最后引拔之前白色线休针。图为最后引拔前的状态。

8 参照步骤5，引拔蓝色线，编织线换成蓝色线之后，在第1针的短针入针（步骤7的●处），如上图箭头所示引拔。下图为引拔完成状态。

●第8行的编织终点

9 第8行同第7行，完成整个配色花样。编织终点在第1针的短针入针（图中●处），钩针挂白色线引拔。

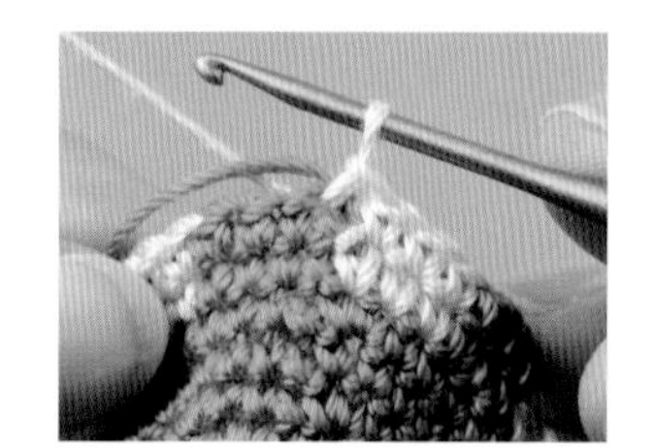

10 引拔完成状态。

●第9行的编织起点

11 接第8行，从白色的方块开始完成整个配色花样，编织终点参照步骤9，最后引拔时换成白色线。

●第10行的编织终点

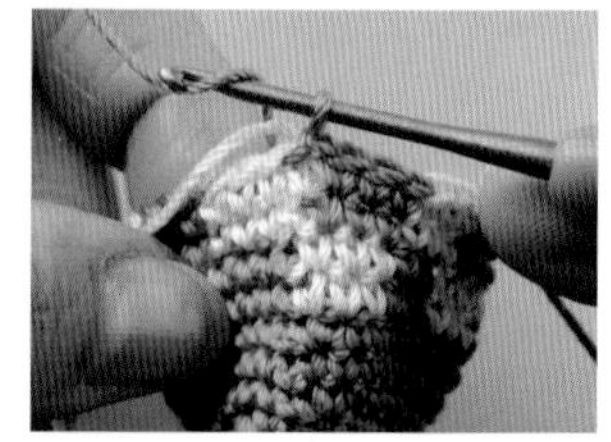

12 第10行接第9行，从白色方块编配色花样，编织终点用蓝色线引拔于第1针的短针。图为引拔完成状态。

重点教程

3、4 图片 /p.8

盖子的缝合方法

※通过作品4解说制作步骤

1 钩织主体、盖子、把手、提钮，把手钉缝接合于主体，提钮挑针缝合于盖子，准备填充棉。

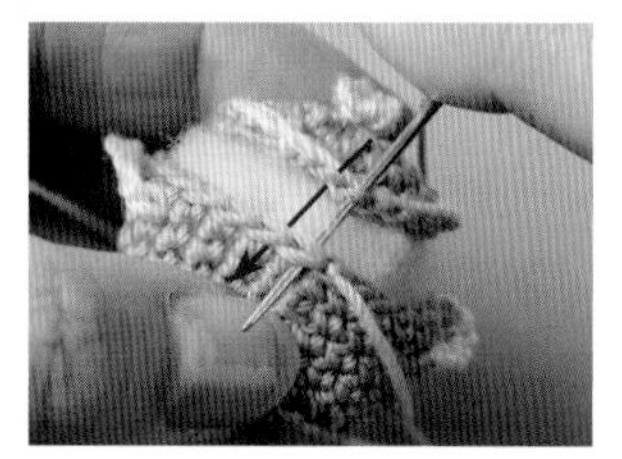

2 填充棉塞入主体，放上盖子，穿线于盖子第4行的针目和主体的最终行。

3 参照步骤2的箭头，逐针挑针缝合。中途，看着外观调整填充棉的量（右下图）。

4 线头穿入织片，断线。

16、17 图片 /p.13

主体的组合方法 *仅缝合起针行和终点行，缝合2次。

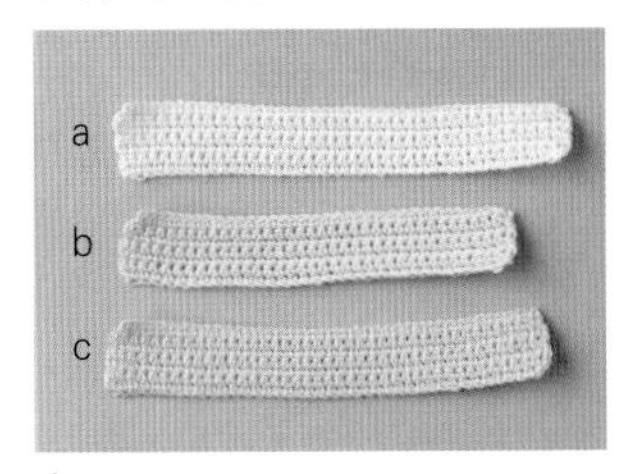

1 准备织片a、b、c。第1行分别挑起起针的上半针和里山进行钩织。

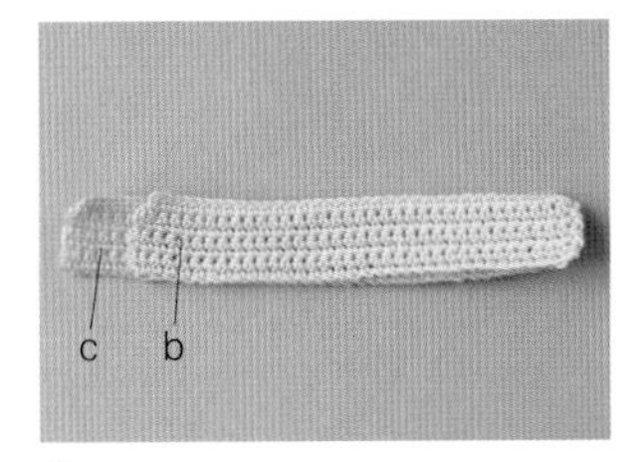

2 编织终点行在上，b和c的右端对齐重合。

●缝合编织终点行（第7行）

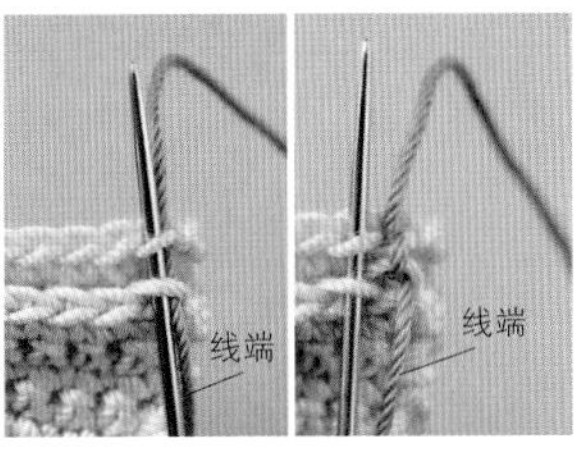

3 在右端针目的内侧半针穿线，再次在相同针目穿针，边端针目缝合2次（左图）。第2针开始逐针缝合（右图）。

4 终点针目同样缝合2次。

●缝合起针行

5 织片翻面，手缝针插入织片b的反面，在起针行出针。

6 同编织终点行，缝合起针行参照步骤3左图，边端针目缝合2次，第2针开始逐针缝合，缝合2次终点针目。

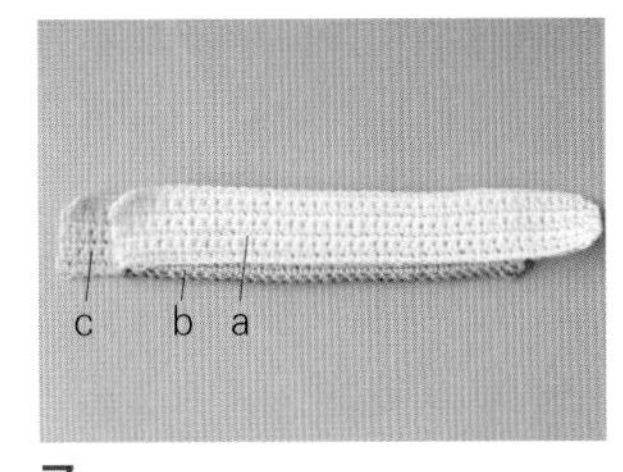

7 缝合完成b和c的主体，将a和b的左端重合对齐（a、b、c编织终点行均在上）。

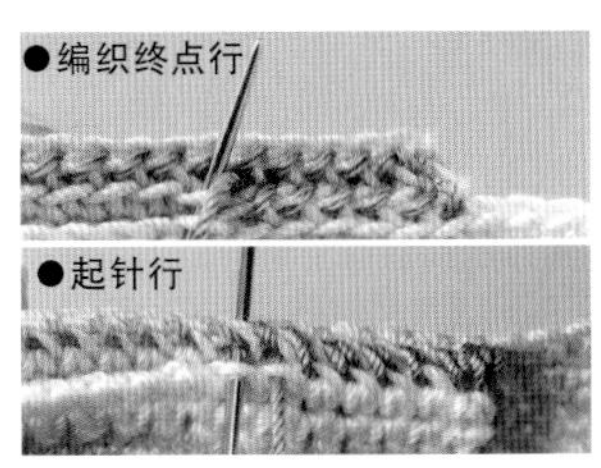

8 编织终点行在a、b的内侧半针，缝合。起针行在a、b、c的针目穿针，缝合。

●卷好

9 上图为a、b、c缝合完成状态。c为芯，如下图所示卷起。

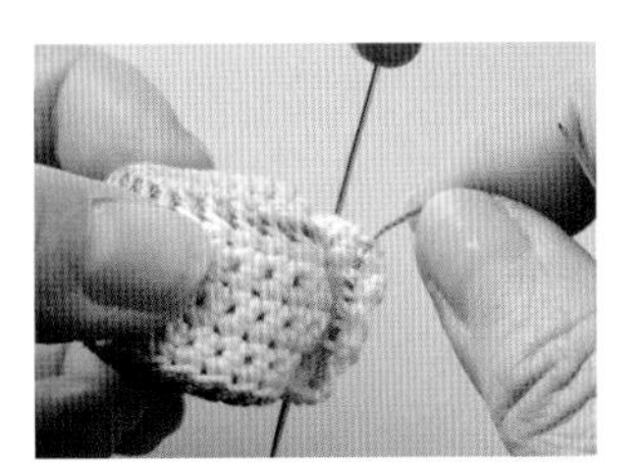

10 用珠针固定a的边端，手缝针从织片的反面穿过。

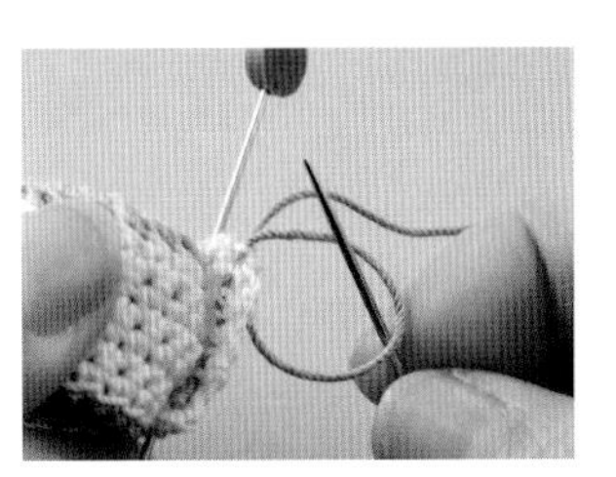

11 用缝合线制作线环，穿针并拉紧。

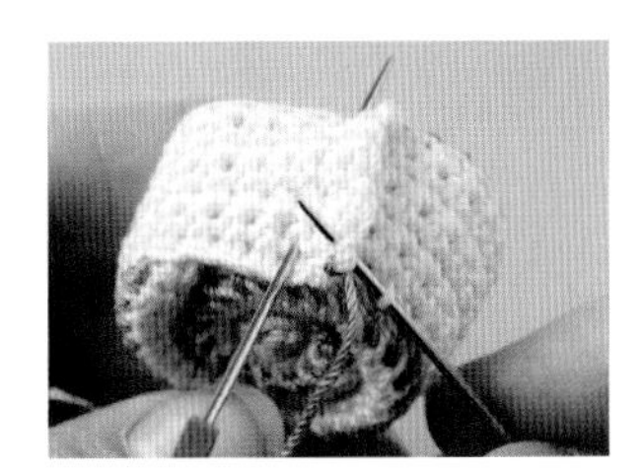

12 每隔1行缝1次，全部缝好。

13 在底座穿针，处理线头。右下图为完成状态。

顶部装饰猕猴桃

条纹的编织方法（配色线的替换方法）

1 第1行用白色线制作线环，编入6针短针，引拔于编织起点时挂针于白色线和第2行的黄色线，如上图箭头所示引拔。下图为引拔完成状态。

2 参照步骤1的上、下图，第3行换成黄绿色线钩织。

●组合方法

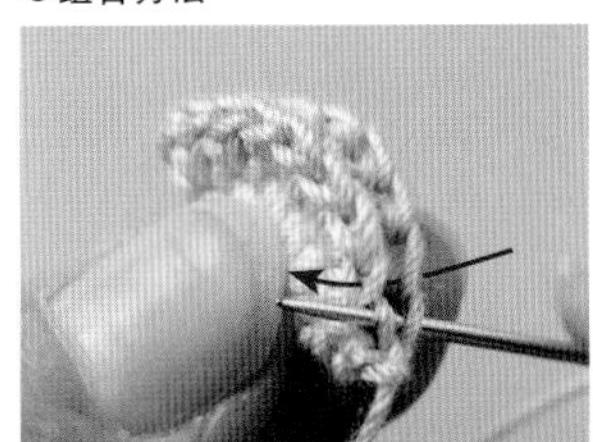

3 织片对折，缝合内侧半针。右下图为完成状态。

20、21、22 图片 / p.16

扭短针

1 从第7行开始继续立织1针锁针。

2 钩针在前面半针入针，拉出线（比通常的短针稍微多拉出一些，完成效果更平整）。按箭头方向转动钩针，针目挂在针上扭转。

3 图为转动时的状态。

4 挂在针上的针目扭转完成状态。接着，钩针挂线，如箭头所示引拔。

5 完成1针扭短针。

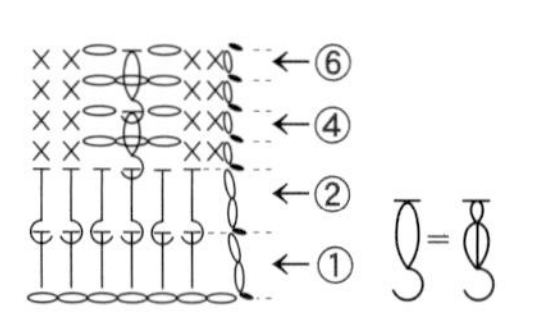

6 钩织完成数针的状态。

●编织终点的编织方法

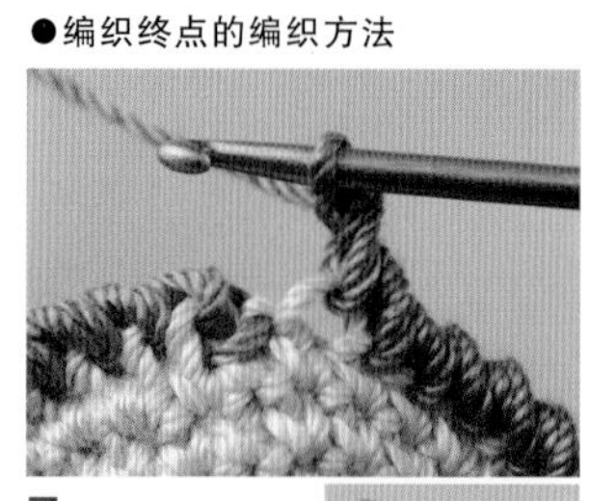
7 编织终点钩织引拔针于第1针的扭短针（图中●处）。右下图为引拔针钩织完成状态。

32~35 图片 / p.20

变形的3针中长针的正拉针的枣形针

●第4行

1 编织至前身片第4行的变形的3针中长针的正拉针的枣形针内侧，钩针挂线，如箭头所示在前2行的正拉针处入针。

2 入针之后，钩针挂线，如箭头所示拉出，钩织未完成的中长针。

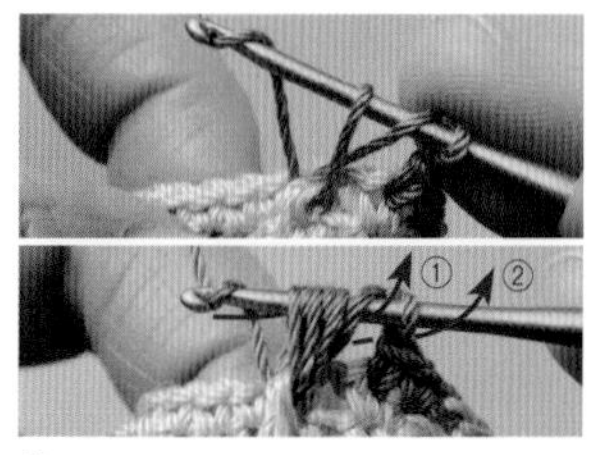

3 拉出线之后，钩针挂线（上图）。再编织2针中长针，如下图箭头所示引拔2次。

4 完成变形的3针中长针的正拉针的枣形针。

●第6行

5 编织至变形的3针中长针的正拉针的枣形针前面之后，钩针挂线，如箭头所示入针，按第4行同样钩织。右下图为钩织完成状态。

62 图片 / p.33

包裹着针织环编织的方法

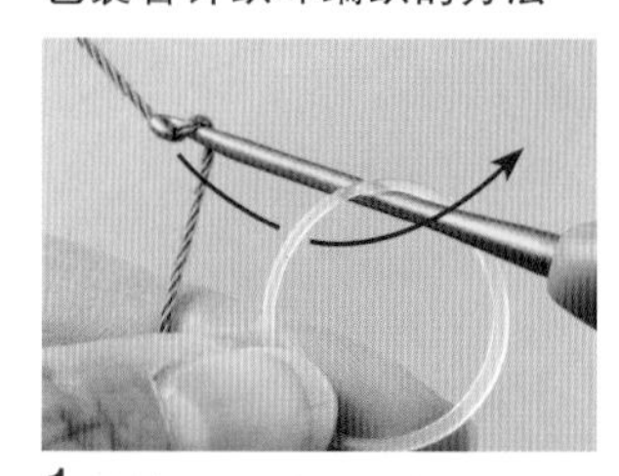
1 从针织环入针，钩针挂线，如箭头所示拉出。

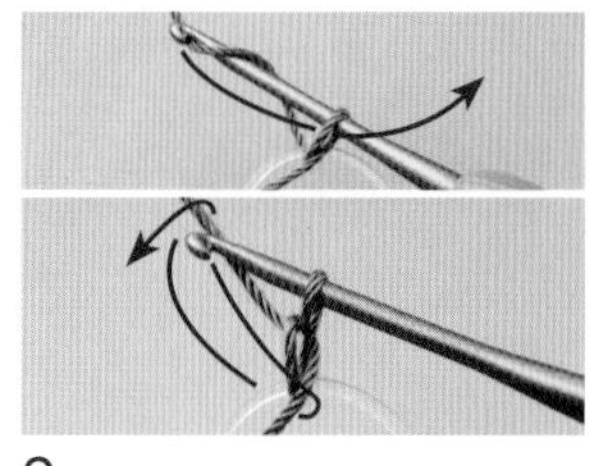
2 钩针再次挂线，如箭头所示拉出（上图）。立织1针锁针。接着，如下图的箭头所示入针，拉出线。

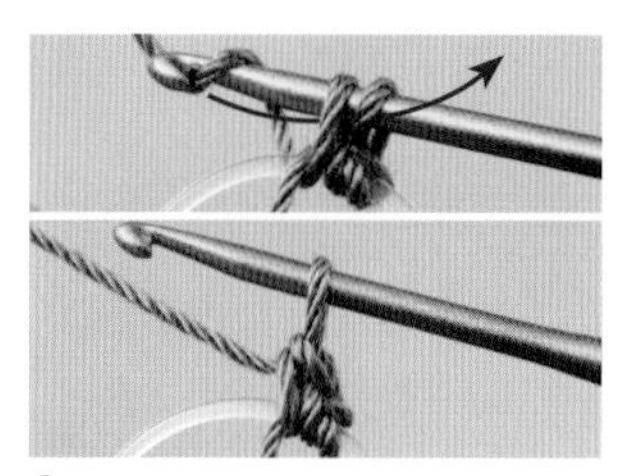
3 拉出后，如箭头所示引拔。下图为引拔完成状态。下图为包住针织环钩织1针短针的状态。重复"步骤2的下图至步骤3"，包住针织环钩织30针短针。

4 编织终点如箭头所示在第1针的短针入针，引拔。右下图为引拔完成状态。

65、66 图片 / p.36

口金的固定方法

1 手缝针穿入2根线。“从织片反面出针，从口金的孔出针。”

2 “穿回口金右侧的孔，再穿入织片”。重复步骤1和2的双引号中的内容。

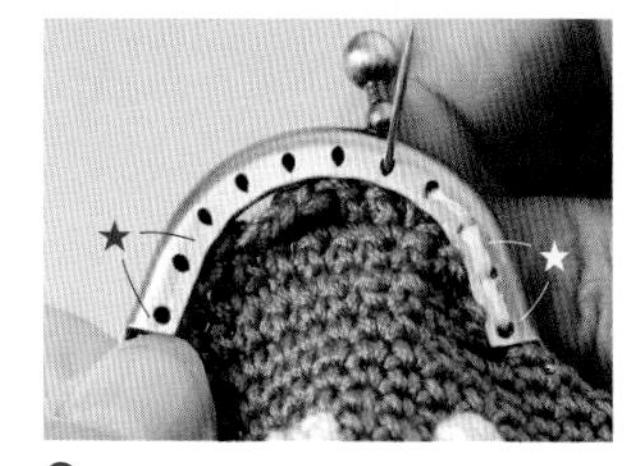

3 重复步骤1和2的双引号中的内容，接缝。在★处穿2次线。

※换线的种类及颜色对制作步骤进行解说，方便理解

76、77 图片 / p.41

第 4 行的编织方法

1 编织✕之前，在●处（第2行的长针头部）钩织短针。

2 短针钩织完成。

3 继续钩织至✕处。包住第3行的引拔针和第2行的锁针钩织，在●处入针（第1行），对应织片长度拉出线。

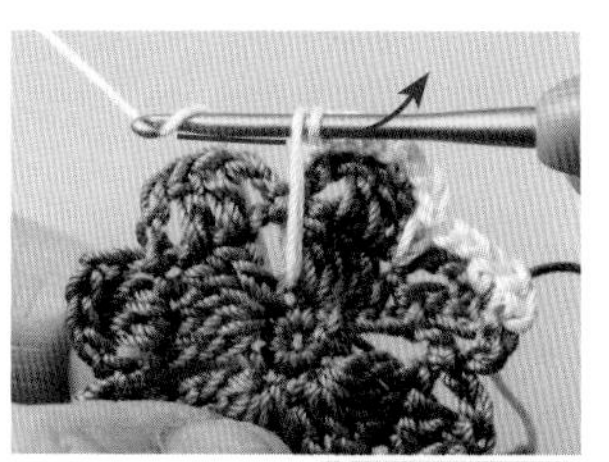

4 线拉出完成状态。接着，钩针挂线，如箭头所示引拔。右下图为短针钩织完成状态。

5 按图的位置钩织茎，完成第4行。

基础教程

接合方法

※通过p.48的作品89、90，对制作步骤进行解说

1 主体的织片背面相对对齐，在边端的针目入针，钩针挂线，如箭头所示引拔。

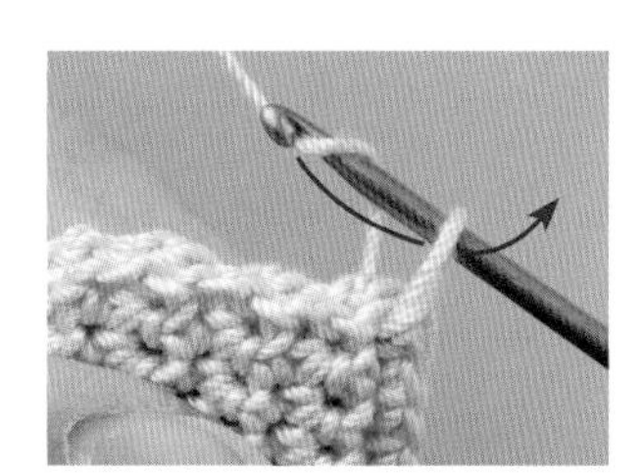

2 钩针再次挂线，如箭头所示引拔。

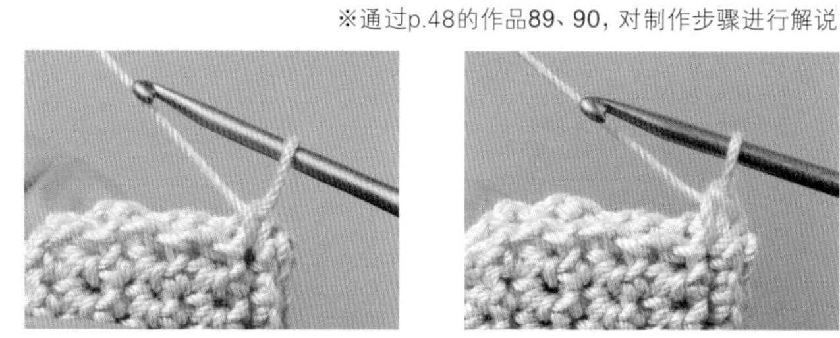

3 立织的锁针钩织完成。

4 在相同行钩织短针。

5 接合行时，每行钩织1针短针。

6 接合针目时，挑起头部2根线，每针钩织1针短针。

7 起针同步骤6，每针钩织1针短针，接合。

圆环的使用方法

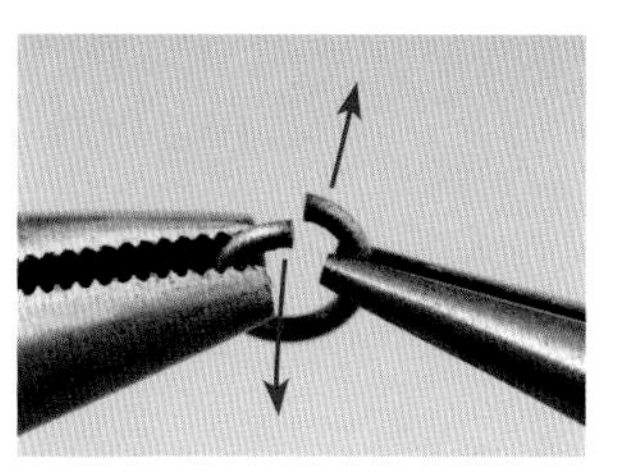

调节圆环时，用平嘴钳夹住左右两边，向前后打开。

Kitchen item
厨房小物件

盛放着煎蛋和菠菜的平底锅，
还有仿佛能听到咕嘟咕嘟声的汤锅。
另外，圆润的外形也很吸引人。

编织方法 / p.10
设计 / 今村曜子

所使用的作品分别为10、11、6、2（从左侧开始）

图案、颜色各异的杯子。
有粉红色、黄绿色，还有红色等。
选择自己喜欢的杯子，
陪自己度过惬意的下午茶时光。

编织方法 / 5~9…p.11
10、11…p.15
设计 / 今村曜子

5

9

8

6

7

10

11

1

图片…p.8

材料与工具

线：DARUMA Supima Crochet Soft/白色（1）…2g，红色（7）、黄绿色（11）…各1g

针：钩针2/0号

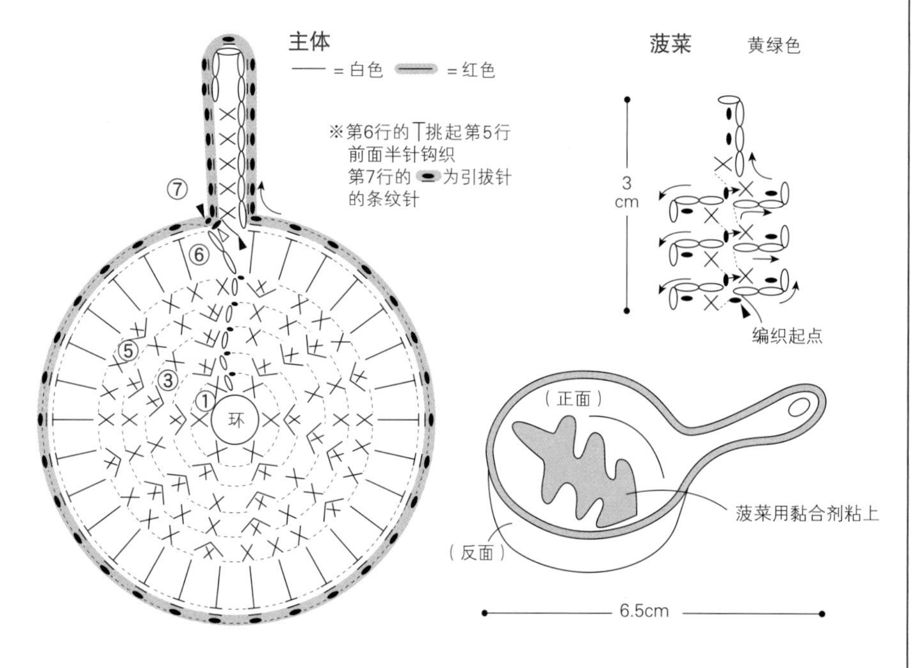

2

图片…p.8、9

材料与工具

线：DARUMA Supima Crochet Soft/黑色（8）…2g、白色（1）…1g，Supima Crochet/黄色（17）…少量

其他：钥匙链（6-10-16 银色）…1个

针：蕾丝针0号，钩针2/0号

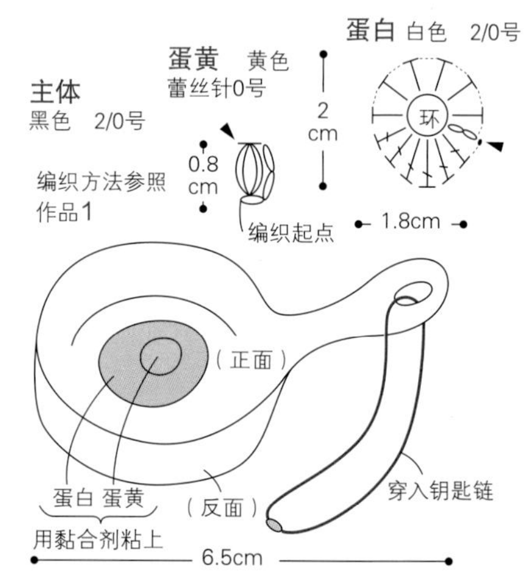

3

图片…p.8

重点教程…p.4

材料与工具

线：DARUMA Supima Crochet Soft/黄色（4）…4g

其他：直径5mm木珠…1颗，填充棉…少量

针：钩针2/0号

把手 2根 黄色

编织起点

2cm锁针（7针）

②缝接提钮（木珠）

①缝合把手

③塞入填充棉，用卷针缝缝合盖子的第4行的针目和主体的最终行（参照p.4）

2 cm

3cm

主体

⑨ ⑦ ⑤ 侧面

2 cm（5行）

从☆处挑11针　从★处挑12针

● = 把手接缝位置

底

☆ = 11针　★ = 12针

① ③ ④ 环

2.8cm

盖子

—— } 黄色

① ④ ⑤ 环

3cm

4

图片…p.8

重点教程…p.4

材料与工具

线：DARUMA Supima Crochet Soft/红色（7）…4g、白色（1）…1g

其他：填充棉…少量

针：钩针2/0号

主体 2片

1～8行
绳子 } 编织方法参照作品36

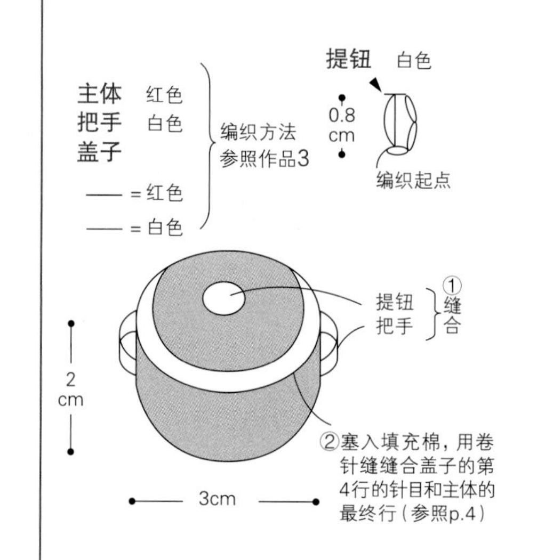

5

图片…p.9

材料与工具

线：Olympus Emmy Grande（colors）/黄绿色（229）…2g、原白色（804）…1g

针：蕾丝针0号

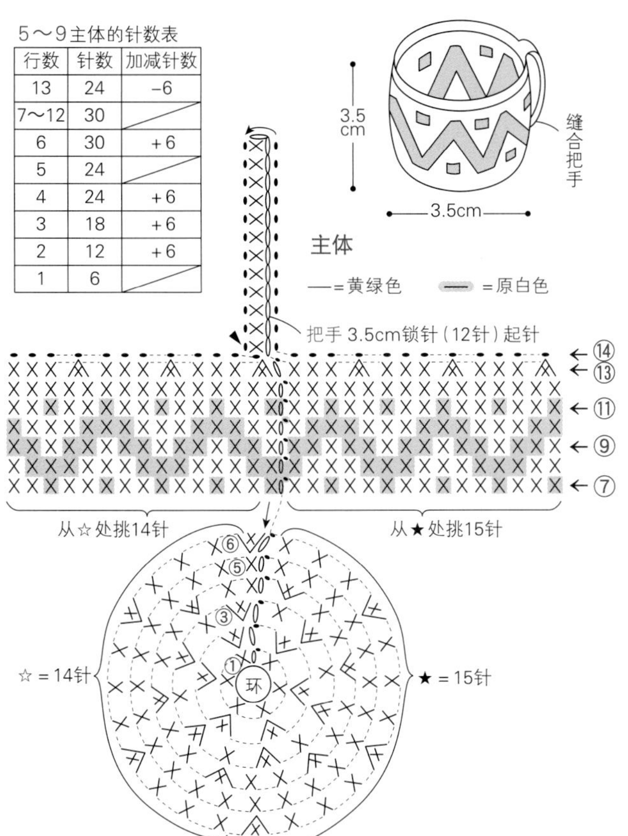
5～9主体的针数表

行数	针数	加减针数
13	24	－6
7～12	30	
6	30	＋6
5	24	
4	24	＋6
3	18	＋6
2	12	＋6
1	6	

※配色花样的编织方法参照p.4

6

图片…p.9

材料与工具

线：Olympus Emmy Grande（colors）/粉红色（155）…2g、原白色（804）…1g

其他：金属挂链（6-10-16 银色）…1个

针：蕾丝针0号

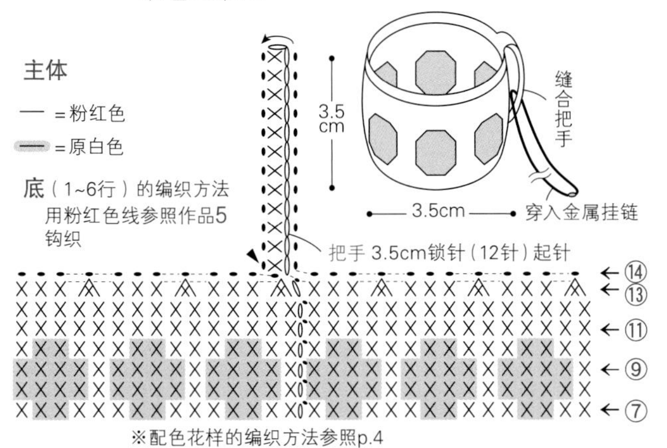

※配色花样的编织方法参照p.4

7

图片…p.9

基础教程…p.4

材料与工具

线：Olympus Emmy Grande（colors）/深橙色（172）…2g、原白色（804）…1g

针：蕾丝针0号

主体

—＝深橙色

＝原白色

底（1~6行）的编织方法
用深橙色线参照作品5钩织

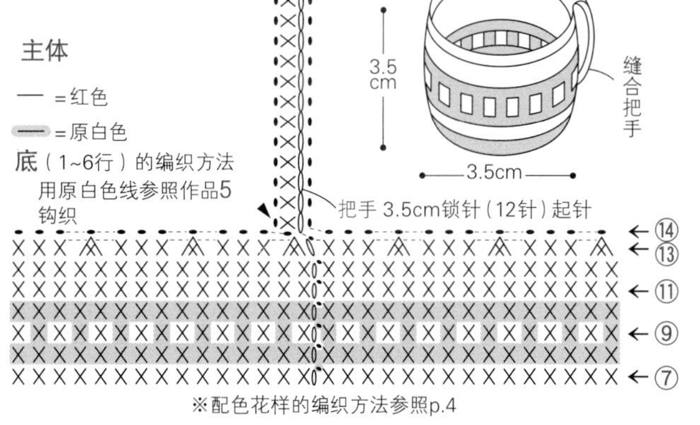

※配色花样的编织方法参照p.4

8

图片…p.9

材料与工具

线：Olympus Emmy Grande（colors）/原白色（804）…2g、红色（188）…1g

针：蕾丝针0号

主体

—＝红色

＝原白色

底（1~6行）的编织方法
用原白色线参照作品5钩织

※配色花样的编织方法参照p.4

9

图片…p.9

材料与工具

线：Olympus Emmy Grande（colors）/原白色（804）…2g、淡蓝色（371）…1g

针：蕾丝针0号

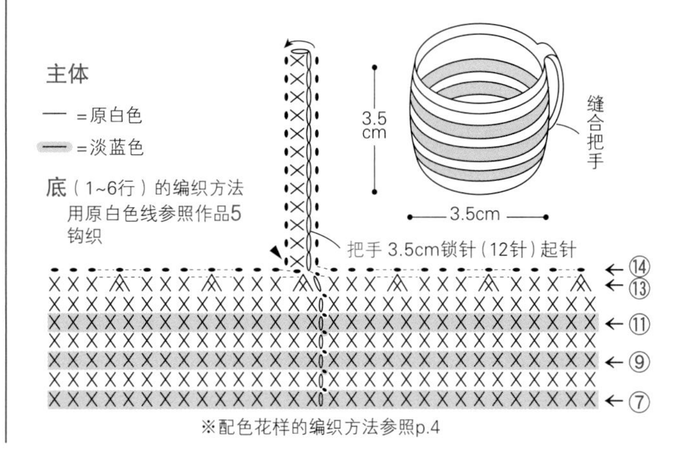

※配色花样的编织方法参照p.4

Cake
蛋糕形小储物盒

树莓和巧克力的小蛋糕，一口一个。
打开盖子，里面还能存放小饰物。
戒指或项链等小饰品都能放入。

编织方法 /12…p.14　13~15…p.15
设计 / 藤田智子

Roll cake & cup cake
夹心蛋糕卷和纸杯蛋糕

顶部造型可爱的夹心蛋糕卷和纸杯蛋糕。
两种蛋糕上的美丽漩涡很吸引人的眼球，
钩织完成后，勾起了满满的少女心。

编织方法 /16~18…p.57　19…p.58
设计 / 藤田智子

12

图片…p.12

材料与工具

线：Olympus Emmy Grande/浅黄色（520）…5g、白色（801）…3g、褐色（738）…少量，Emmy Grande（herbs）/粉红色（119）…4g、红色（190）…1g

其他：硬纸板…10cm×10cm，双面胶带、透明胶带…各适量

针：蕾丝针0号，钩针2/0号、3/0号

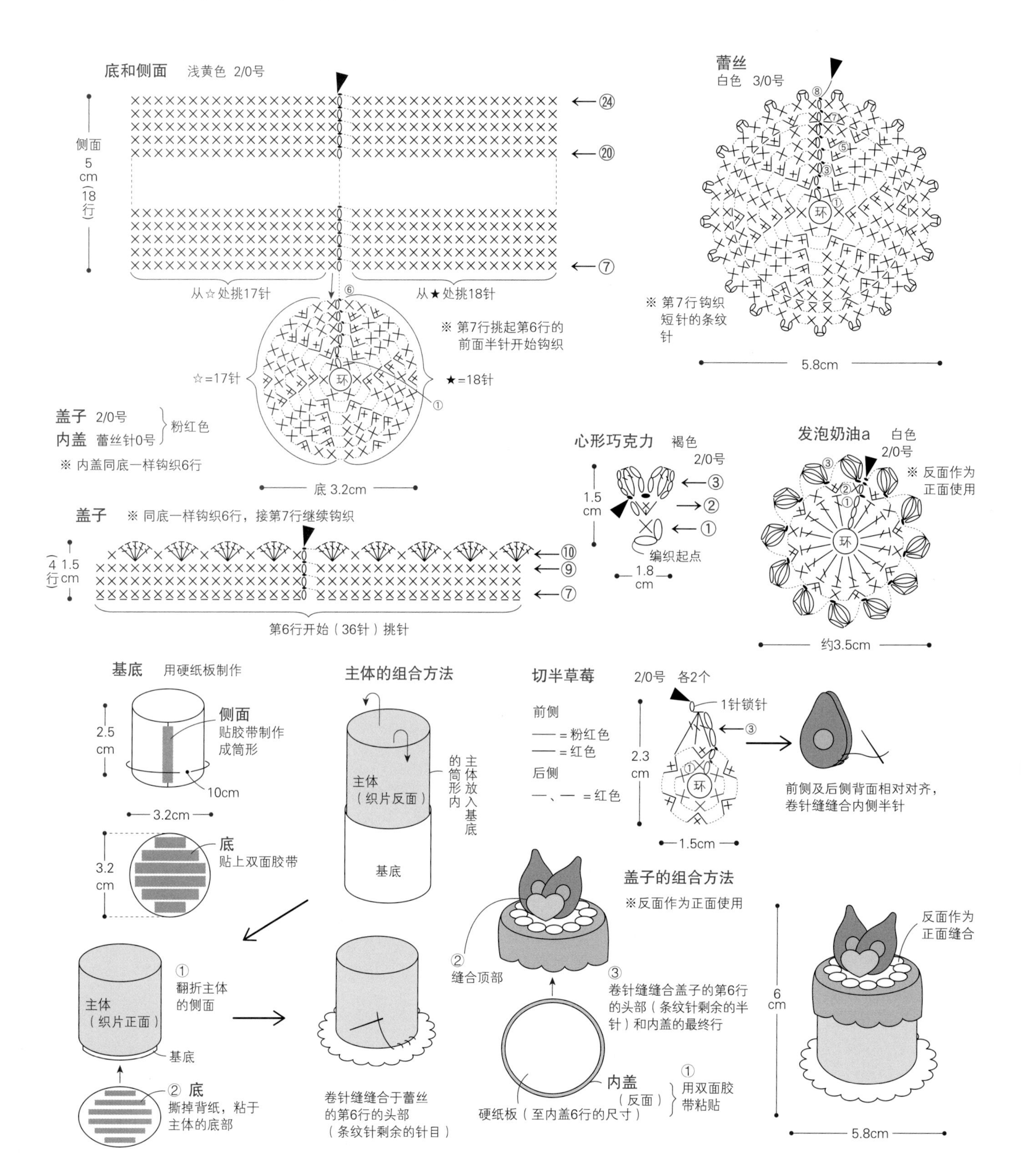

13

图片…p.12

材料与工具

线：Olympus Emmy Grande/浅黄色（520）…5g、白色（801）…3g、褐色（738）…少量，Emmy Grande（herbs）/粉红色（119）…4g、红色（190）…1g

其他：硬纸板…10cm×10cm，双面胶带、透明胶带…各适量

针：蕾丝针0号，钩针2/0号、3/0号

底和侧面、盖子（内盖）、切半草莓、发泡奶油a、蕾丝 } 编织方法、配色、组合方法参照作品12（p.14）

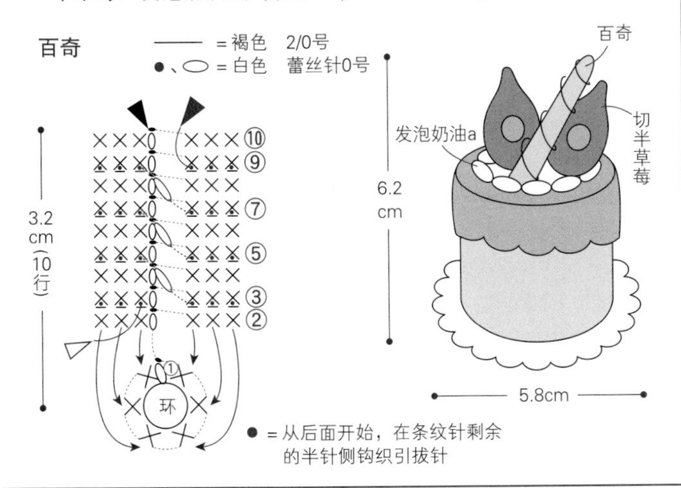

14

图片…p.12

材料与工具

线：Olympus Emmy Grande/米色（810）…5g、白色（801）…2g，Emmy Grande（herbs）/深褐色（777）…3g、红色（190）…1g，Emmy Grande（colors）/绿色（265）…少量

其他：填充棉…少量，硬纸板…10cm×10cm，双面胶带、透明胶带…各适量

针：蕾丝针0号，钩针2/0号、3/0号

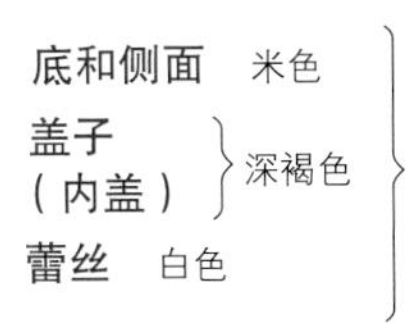

底和侧面 米色
盖子（内盖）} 深褐色
蕾丝 白色
} 编织方法、组合方法参照作品12（p.14）

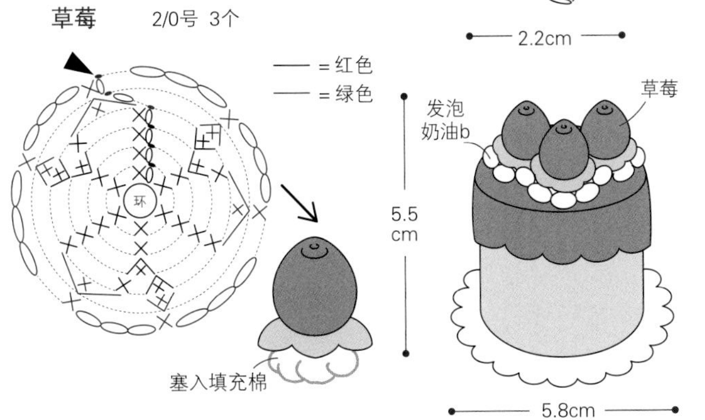

15

图片…p.12

材料与工具

线：Olympus Emmy Grande/米色（810）…5g、白色（801）…2g、深紫色（676）…1g，Emmy Grande（herbs）/深褐色（777）…3g、红色（190）…少量，Emmy Grande（colors）/绿色（265）…少量

其他：填充棉…少量，硬纸板…10cm×10cm，双面胶带、透明胶带…各适量

针：蕾丝针0号，钩针2/0号、3/0号

底和侧面、蕾丝、盖子（内盖） } 编织方法、组合方法参照作品12（p.14）配色参照作品14

草莓 参照作品14

发泡奶油a 参照作品12（p.14）

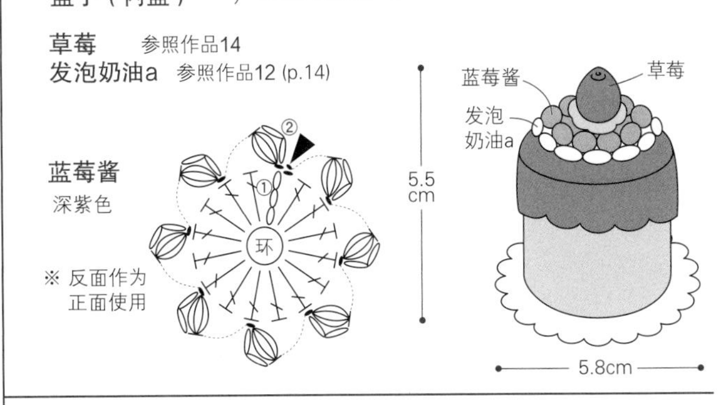

10

图片…p.9

材料与工具

线：Olympus Emmy Grande（colors）/原白色（804）…2g

针：蕾丝针0号

＊组合用的配件

钥匙链（6-10-16 银色）…1个、直径5mm圆环（9-6-5 银色）…3个

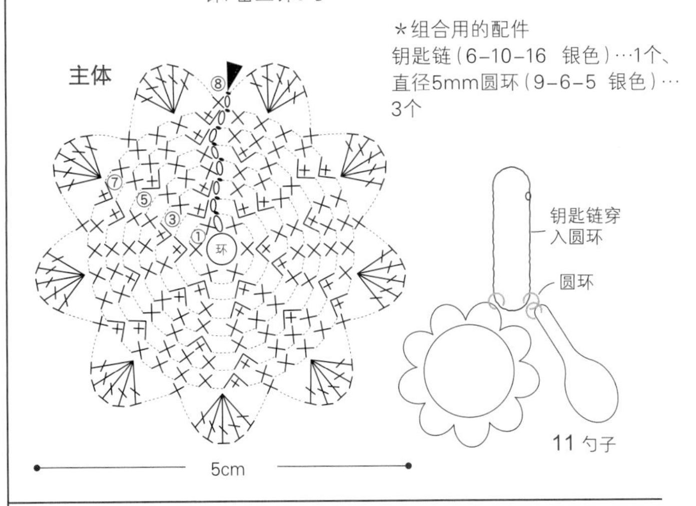

11

图片…p.9

材料与工具

线：Olympus Emmy Grande（colors）/原白色（804）…1g

针：蕾丝针0号

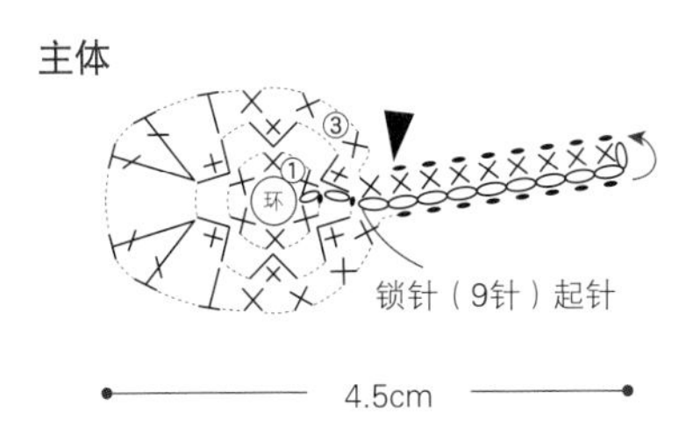

Vegetable & fruit
蔬菜和水果

表情可爱的小茄子、小番茄、小蘑菇。
筐里摆满了各种蔬菜。

编织方法 /20~22…p.18　23~25…p.19
设计 / 藤田智子

橙子、柠檬、草莓和苹果。
散发出各种香甜的水果。

编织方法 /26、27…p.19　28~31…p.58
设计 / 藤田智子

将小饰物连在一起，就成了手链或者项链。

所使用的作品分别为 20、23、28、25、31、27（从左侧开始）

20

图片…p.16、17
重点教程…p.6

材料与工具
线：Olympus Emmy Grande/浅米色（808）…2g、红色（700）…2g、浅黄色（520）…少量
其他：钥匙链（6-10-19 银色）…1个，圆环（9-6-5 银色）…1个，和麻纳卡 塑料眼3mm（H221-303-1）…3个，填充棉…少量，黏合剂
针：蕾丝针0号，钩针2/0号

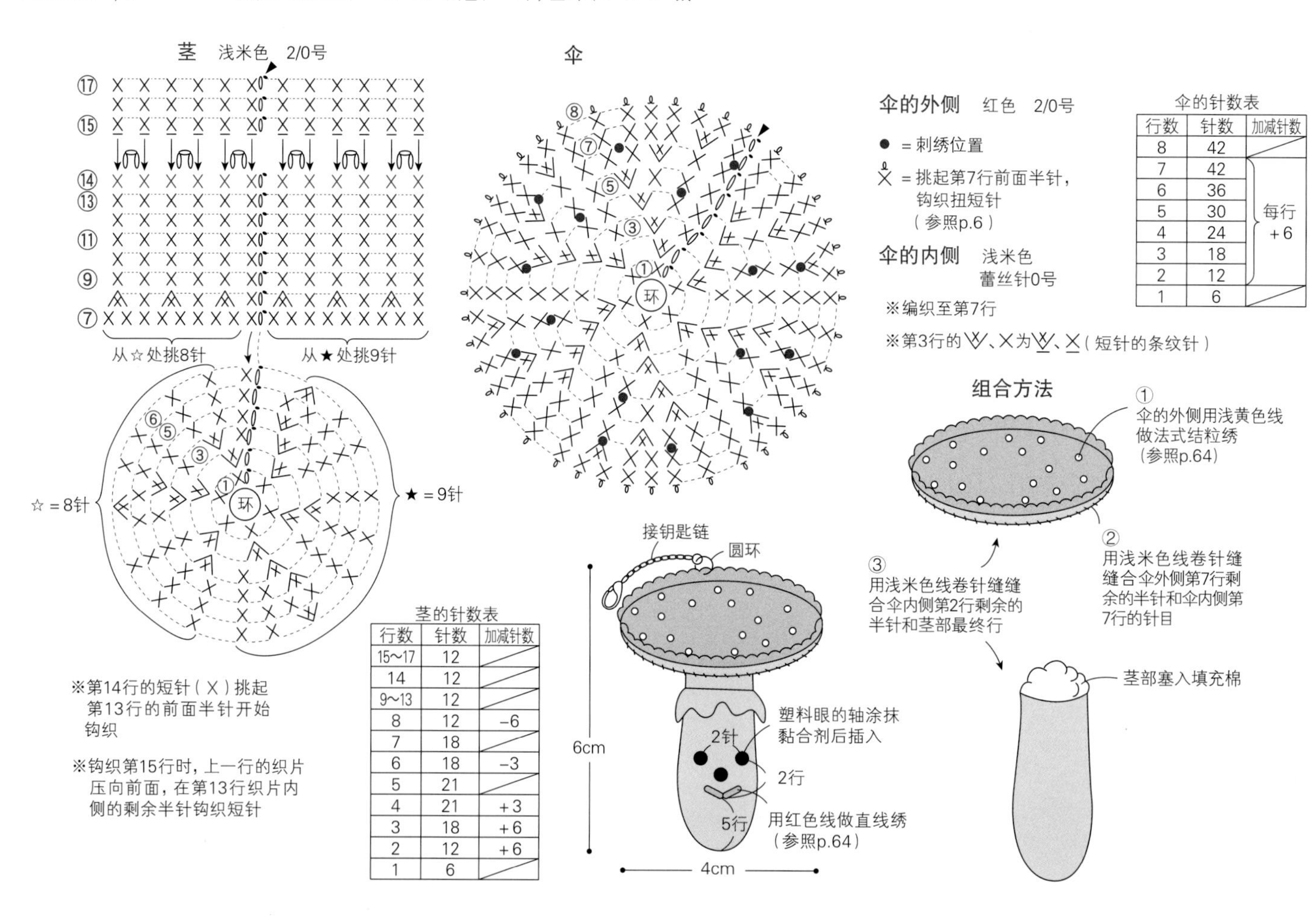

伞的针数表

行数	针数	加减针数
8	42	
7	42	
6	36	每行+6
5	30	
4	24	
3	18	
2	12	
1	6	

茎的针数表

行数	针数	加减针数
15~17	12	
14	12	
9~13	12	
8	12	-6
7	18	
6	18	-3
5	21	
4	21	+3
3	18	+6
2	12	+6
1	6	

※第14行的短针（X）挑起第13行的前面半针开始钩织

※钩织第15行时，上一行的织片压向前面，在第13行织片内侧的剩余半针钩织短针

21

图片…p.16
重点教程…p.6

材料与工具
线：Olympus Emmy Grande/浅米色（808）…2g、暗红色（192）…少量，Emmy Grande（herbs）/褐色（745）…1g
其他：和麻纳卡 塑料眼3mm（H221-303-1）…3个，填充棉…少量，黏合剂
针：蕾丝针0号、钩针2/0号

伞的外侧
褐色

伞的内侧、茎
浅米色

编织方法、组合方法参照作品20

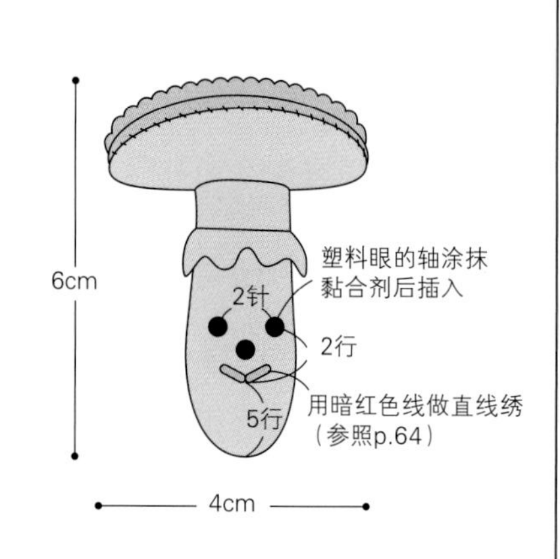

22

图片…p.16
重点教程…p.6

材料与工具
线：Olympus Emmy Grande/浅米色（808）…2g，Emmy Grande（herbs）/红色（190）…2g
其他：和麻纳卡 塑料眼3mm（H221-303-1）…3个，填充棉…少量，黏合剂
针：蕾丝针0号，钩针2/0号

伞的外侧
红色

伞的内侧、茎
浅米色

编织方法、组合方法参照作品20

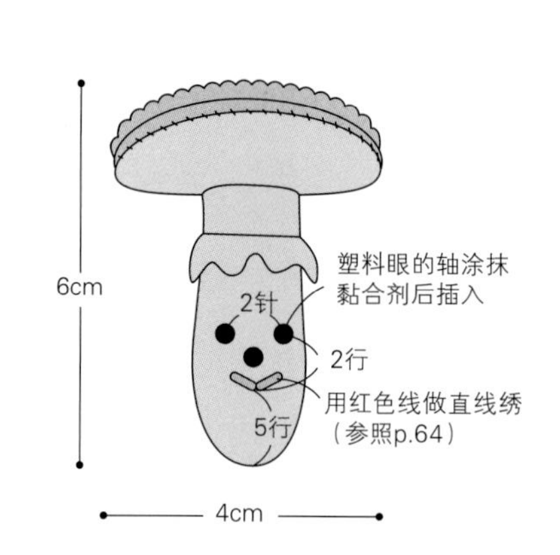

23

图片…p.16、17

材料与工具

线：Olympus Emmy Grande（colors）/橙色（555）…2g、绿色（265）…少量，Emmy Grande/红色（700）…少量

其他：钥匙链（6-10-19 银色）…1个，圆环5mm（9-6-5 银色）…1个，和麻纳卡 塑料眼3mm（H221-303-1）…3个，填充棉…少量，黏合剂

针：钩针2/0号

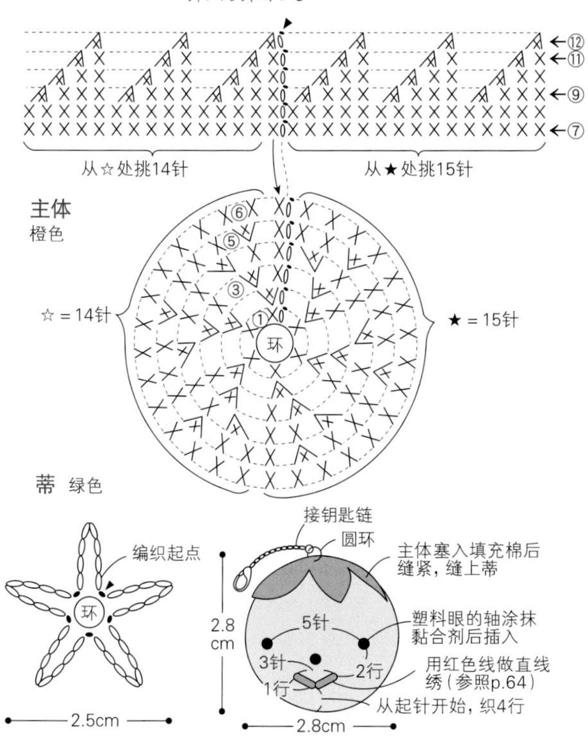

编织起点

2.5cm

接钥匙链

圆环

主体塞入填充棉后缝紧，缝上蒂

2.8cm

5针

塑料眼的轴涂抹黏合剂后插入

3针

2行

1行

用红色线做直线绣（参照p.64）

从起针开始，织4行

2.8cm

24

图片…p.16

材料与工具

线：Olympus Emmy Grande/红色（700）…4g、粉红色（104）…少量，Emmy Grande（colors）/绿色（265）…少量

其他：和麻纳卡 塑料眼3mm（H221-303-1）…3个，填充棉…少量，黏合剂

针：钩针2/0号

主体 红色
蒂 绿色
口 粉红色

编织方法、组合方法参照作品23（不带钥匙链）

25

图片…p.16、17

材料与工具

线：Olympus Emmy Grande/紫色（623）…2g、藏蓝色（357）…1g、暗红色（192）…少量

其他：钥匙链（6-10-19 银色）…1个，圆环5mm（9-6-5 银色）…1个，和麻纳卡 塑料眼3mm（H221-303-1）…3个，填充棉…少量，黏合剂

针：钩针2/0号

主体 紫色

接●处编织

⑭ ⑫ ⑩ ⑧ ⑥ ④

从☆处挑8针

从★处挑9针

☆＝8针

★＝9针

环

接钥匙链

圆环

主体塞入填充棉后缝紧，缝上蒂

2针

塑料眼的轴涂抹黏合剂后插入

2行

5.5cm

1行

5行

用暗红色线做直线绣（参照p.64）

2cm

蒂 藏蓝色

⑥ ⑤ ③ ① 环

26

图片…p.17

材料与工具

线：Olympus Emmy Grande（colors）/深橙色（172）…2g、橙色（555）…1g，Emmy Grande/浅黄色（520）…1g

针：钩针2/0号

主体 2片

— ＝浅黄色 — ＝橙色

▬ ＝深橙色

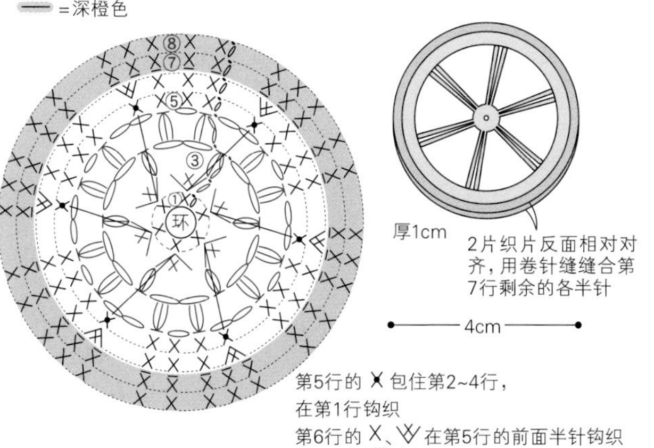

第5行的 X 包住第2~4行，在第1行钩织

第6行的 X、V 在第5行的前面半针钩织

第7行的 X 在第5行的剩余半针钩织

第8行的 X 在第7行的前面半针钩织

27

图片…p.17

材料与工具

线：Olympus Emmy Grande/柠檬黄色（541）…1g，Emmy Grande（colors）/黄色（543）…1g，Emmy Grande（herbs）/白色（800）…1g

其他：钥匙链（6-10-19 银色）…1个，圆环5mm（9-6-5 银色）…1个

针：钩针2/0号

主体 2片

— ＝白色 — ＝柠檬黄色

▬ ＝黄色 编织方法参照作品26

接钥匙链

圆环

2片织片反面相对对齐，用卷针缝缝合第7行剩余的各半针

厚1cm

4cm

Sweater and cardigan & mitten
套头衫、开衫、连指手套

给人印象深刻的立体图案套头衫和开衫。
尺寸虽小，却像模像样。
翻领或高领，今天选择哪一件？

编织方法 / p.22
设计 / 河合真弓

所使用的作品分别为 39、34（从左侧开始）

中等或稍小尺寸聚齐的连指手套。
还有色彩和星星的点缀。
同套头衫搭配在一起，更添乐趣。

编织方法 / p.23
设计 / 河合真弓

32

图片…p.20
重点教程…p.6

材料与工具
线：和麻纳卡 Flax C/红色（103）…4g
其他：纽扣…3颗
针：钩针3/0号

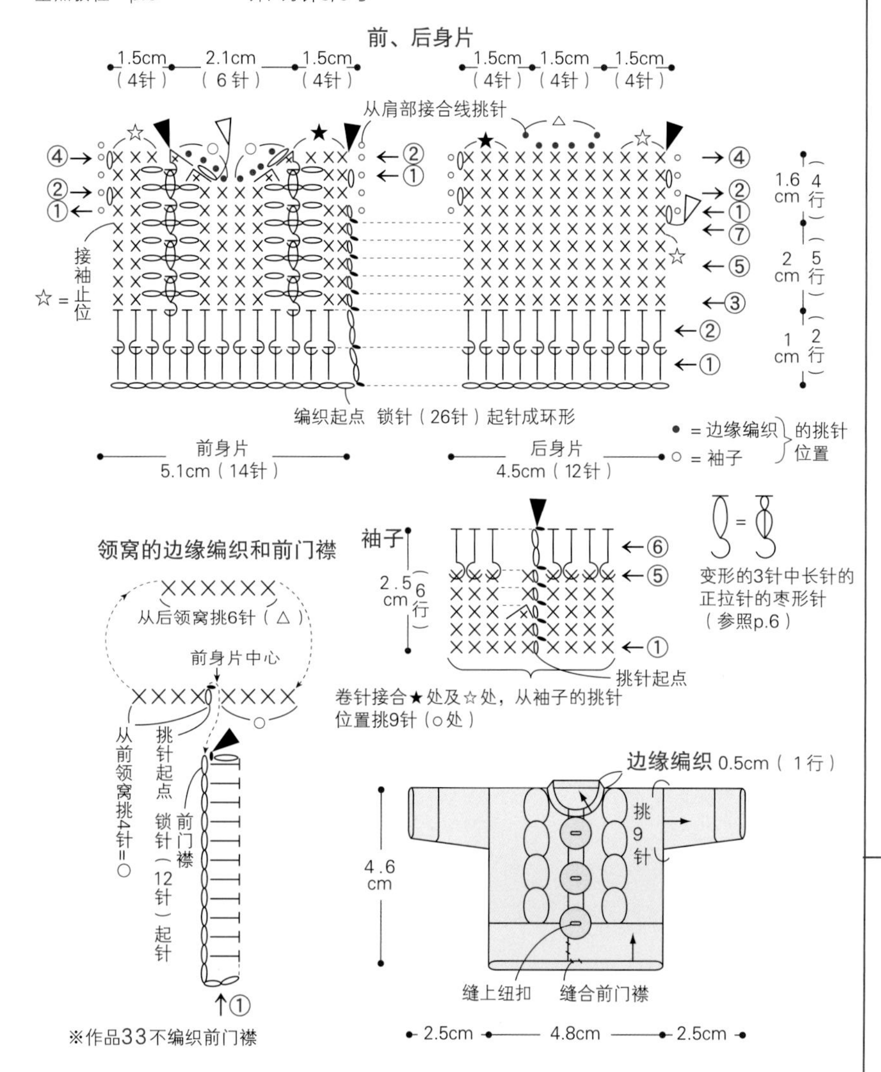

33

图片…p.20
重点教程…p.6

材料与工具
线：和麻纳卡 Flax C/藏蓝色（7）…3g、原白色（1）…1g
针：钩针3/0号

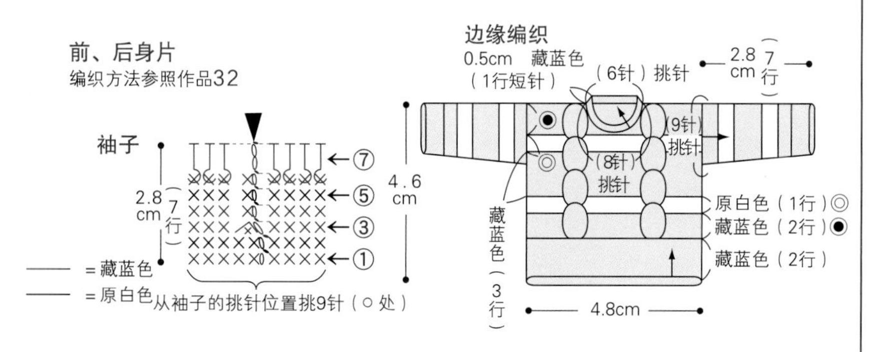

34

图片…p.20、21
重点教程…p.6

材料与工具
线：和麻纳卡 Flax C/原白色（1）…4g
其他：钥匙链（6-10-12 银色）…1个，圆环8mm（9-6-6 银色）…1个
针：钩针3/0号

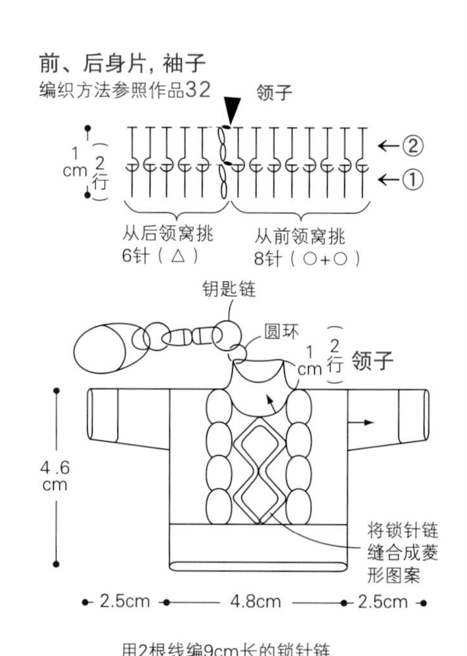

35

图片…p.20
重点教程…p.6

材料与工具
线：和麻纳卡 Flax C/芥末黄色（105）…4g、原白色（1）…1g
针：钩针3/0号

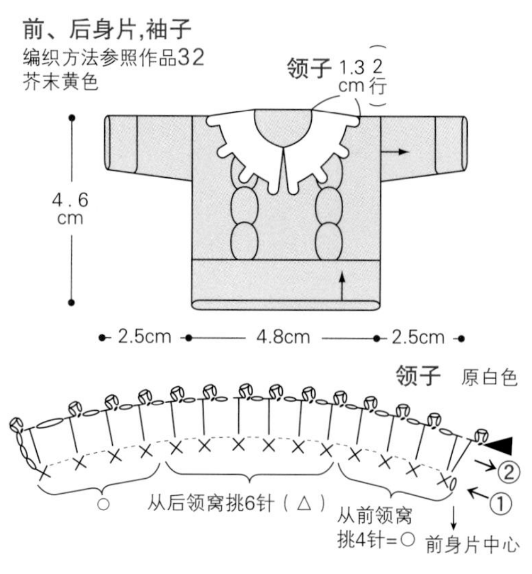

36

图片…p.21

材料与工具
线：和麻纳卡 Flax S/蓝色（27）…4g，Flax K/芥末黄色（205）…1g
针：钩针5/0号

绳子
主体第1片在☆处断线，第2片接 ⬬ 继续钩织7.5cm锁针（18针）起针，在第1片的☆处引拔

主体 蓝色 2片

4.5cm（9行）

3.2cm

前端缝合

拇指 蓝色 2片

环

缝合

1.5cm

拇指位置

左手 右手

1行

缝合

星星 芥末黄色 2片

环

1.7cm

37

图片…p.21

材料与工具
线：和麻纳卡 Flax C/原白色（1）…2g
其他：直径4mm的珍珠…10颗
针：钩针3/0号

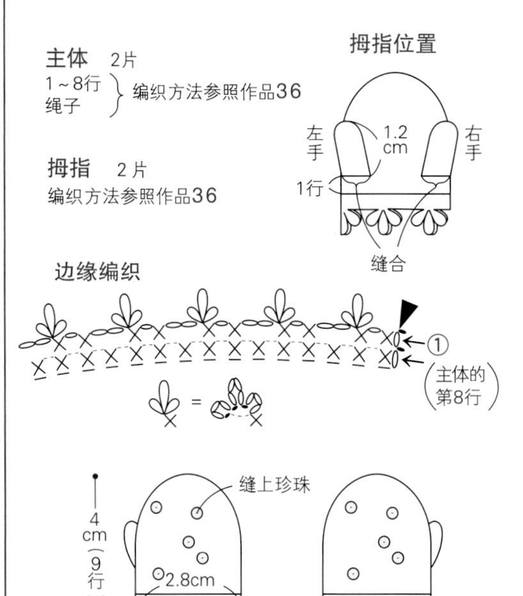

4cm（9行）

缝上珍珠

2.8cm

6cm

38

图片…p.21

材料与工具
线：和麻纳卡 Flax S/浅褐色（22）…3g，Flax K/藏蓝色（17）…1g
针：钩针5/0号

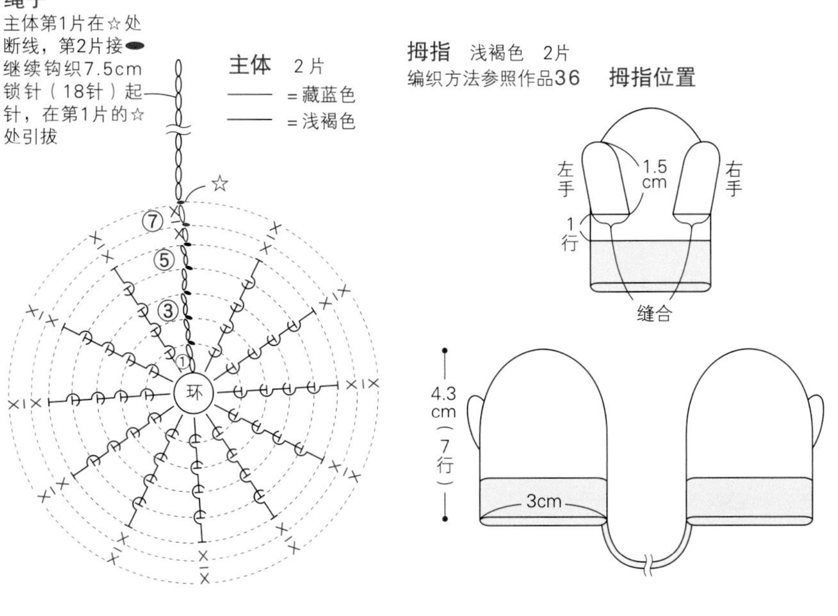

39

图片…p.21

材料与工具
线：和麻纳卡 Flax C/红色（103）…1.5g、原白色（1）…0.5g
其他：别针（6-14-1 银色）…1个，圆环5mm（9-6-5 银色）…1个
针：钩针3/0号

主体 2片
1～4行 红色
5～7行 原白色 } 编织方法参照作品38
绳子 原白色
第7行钩织变形的反短针
拇指
红色 2片 } 编织方法参照作品36

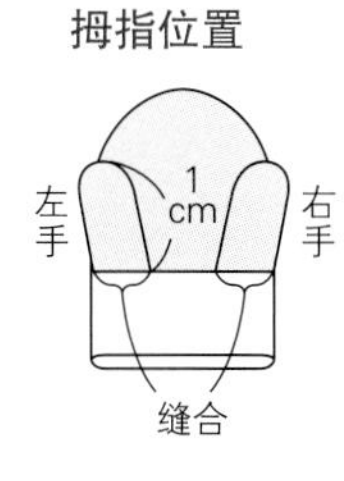

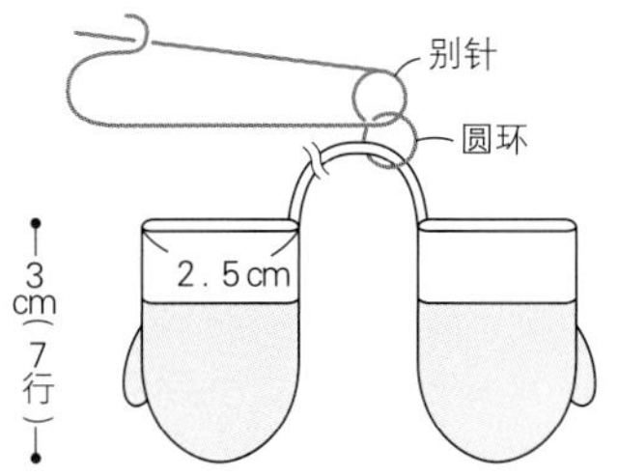

3cm（7行）

Hat & muffler
帽子和围巾

夏季的遮阳帽和草帽，还有温暖的护耳帽。
加上挂饰或别针，成为时尚的小装饰。

编织方法 /40~43、45…p.26　44…p.27
设计 / 远藤弘美

蓝色、白色和彩色的围巾，
小花点缀的蓝色围巾，搭配护耳帽。
装饰在娃娃身上，也很可爱。

编织方法 / p.27
设计 / 远藤弘美

40

图片…p.24

材料与工具

线：Olympus Emmy Grande（colors）/藏蓝色（355）、绿色（265）…各1g

针：蕾丝针0号

主体

— =藏蓝色

— =绿色

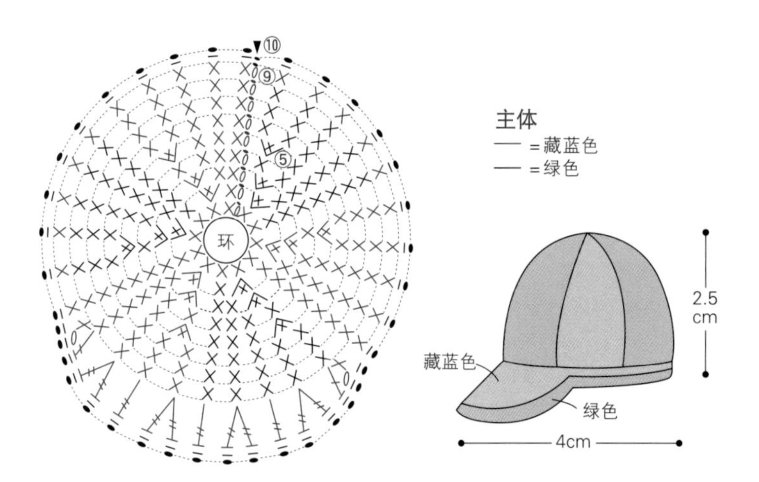

41

图片…p.24

材料与工具

线：Olympus Emmy Grande（herbs）/红色（190）…1g、Emmy Grande（colors）/桃粉色（127）…1g

针：蕾丝针0号

主体　编织方法参照作品40

— =红色

— =桃粉色

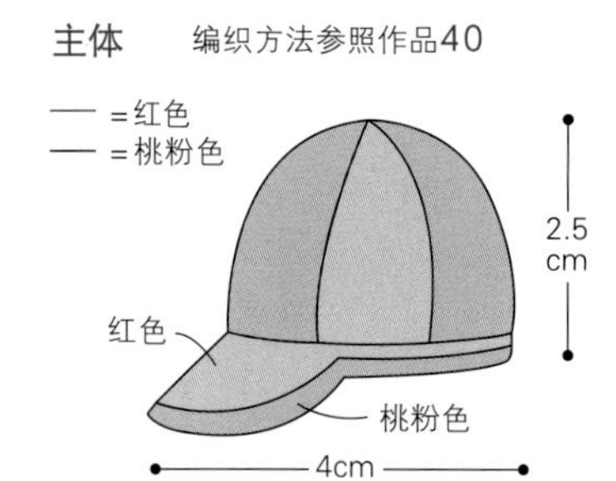

40、41针数表

行数	针数	加针数
10	38	
9	38	+8
8	30	
7	30	
6	30	
5	30	+6
4	24	
3	24	+6
2	18	+6
1	12	

42

图片…p.24

材料与工具

线：Olympus Emmy Grande（colors）/米色（731）…2g、黑色（901）…1g

针：蕾丝针0号

主体

— =米色

— =黑色

缎带　黑色

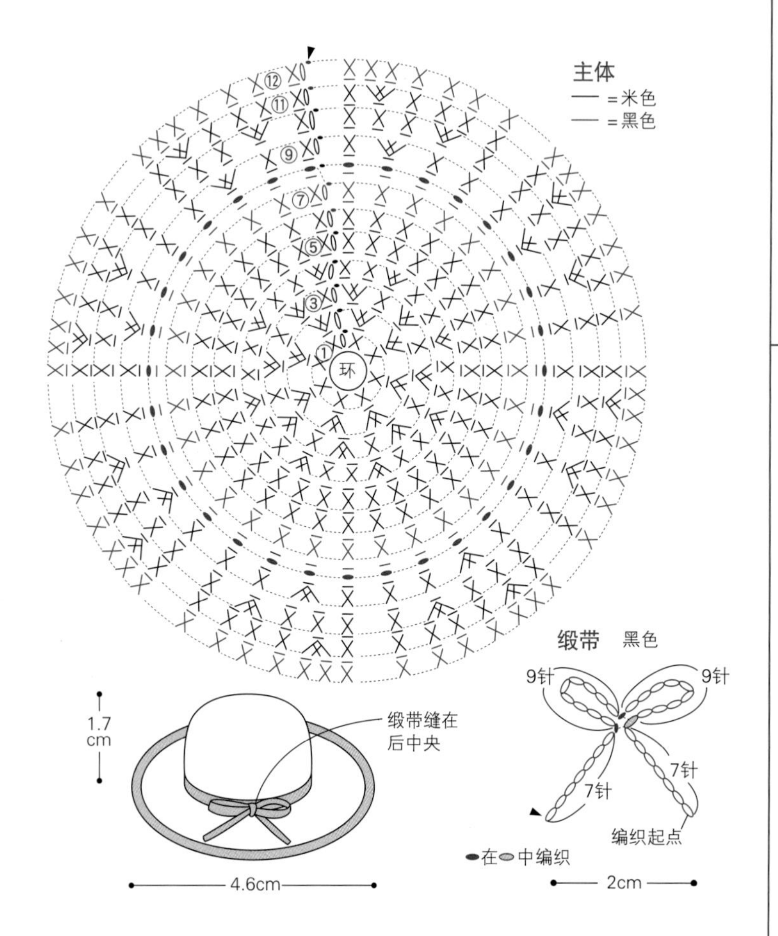

43

图片…p.24

材料与工具

线：Olympus Emmy Grande（colors）/米色（731）…2g、桃粉色（127）…1g，Emmy Grande（herbs）/黄绿色（273）、白色（800）…各少量

针：蕾丝针0号

主体

编织方法按配色表的配色参照作品42

花

— =黄绿色

— =白色

配色表

行数	配色
12	米色
11	桃粉色
10	米色
9	桃粉色
1～8	米色

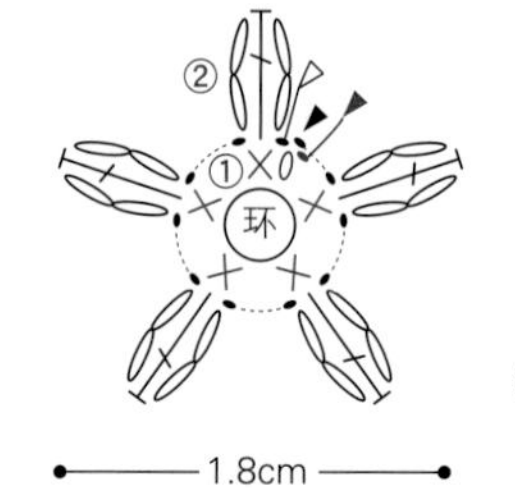

45

图片…p.24、25

材料与工具

线：Olympus Emmy Grande（herbs）/粉红色（119）、红色（190）…各1g

针：蕾丝针0号

主体（参照配色表）

绳子（粉红色）

编织方法按配色表的配色参照作品44（参照p.27）

配色表

行数	配色
16	粉红色
15	红色
12～14	粉红色
11	红色
8～10	粉红色
7	红色
1～6	粉红色

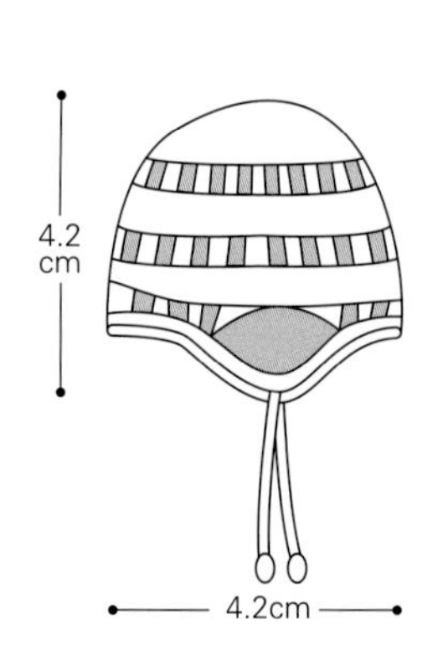

44

图片…p.24、25

材料与工具

线：Olympus Emmy Grande（colors）/绿松石色（391）…3g、橙色（555）…少量，Emmy Grande（herbs）/浅黄色（560）…少量

针：蕾丝针0号

主体 —— =橙色 —— =绿松石色

护耳

2.7cm锁针（12针）起针

⑯ ⑮ ⑩ ⑧ ⑦ ① 环

= X⌒X

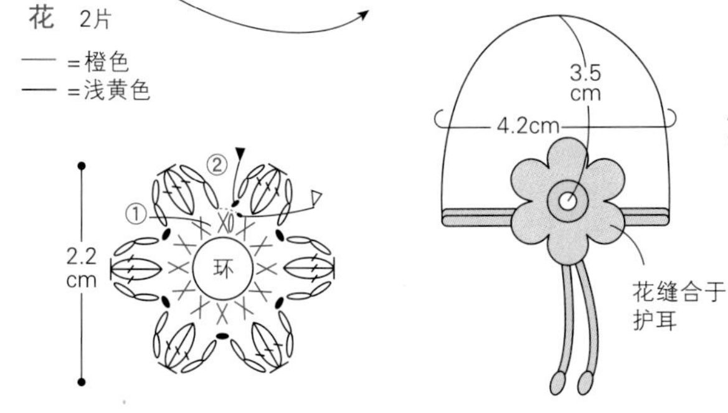

46

图片…p.25

材料与工具

线：Olympus Emmy Grande（colors）/原白色（804）…1g、橙色（555）…1g，Emmy Grande（herbs）/淡蓝色（341）…1g

针：蕾丝针0号

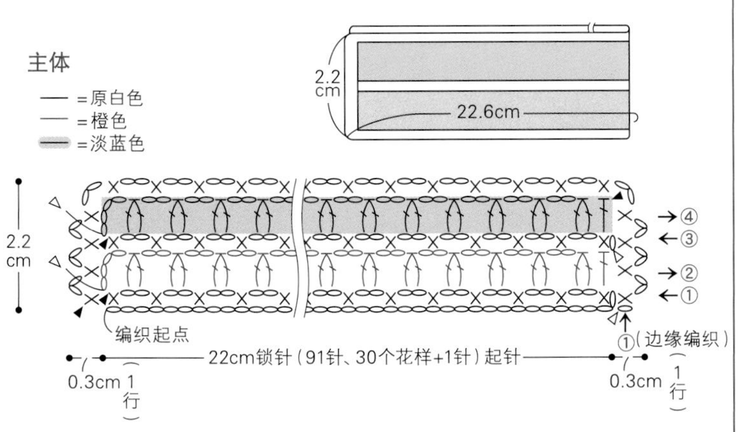

47

图片…p.25

材料与工具

线：Olympus Emmy Grande（colors）/原白色（804）…3g，Emmy Grande（herbs）/淡蓝色（341）…2g

针：蕾丝针0号

2cm

24 cm

主体

—— =淡蓝色

—— =原白色

编织起点2cm锁针（7针）起针

※接线同样编织至边缘编织

6针 7针 7针

1 cm（1行）（边缘编织）

11 cm（14行）

① ⑭ ⑩ ⑤ ② ① ① ② ⑤

48

图片…p.25

材料与工具

线：Olympus Emmy Grande（colors）/绿松石色（391）…2g、橙色（555）…少量，Emmy Grande（herbs）/浅黄色（560）…少量

针：蕾丝针0号

主体 绿松石色

花 编织方法参照作品44

※第5行将起针和第4行的针目一并挑起编织

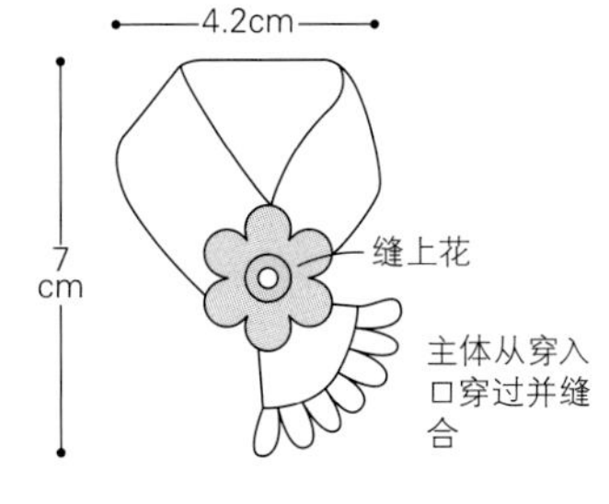

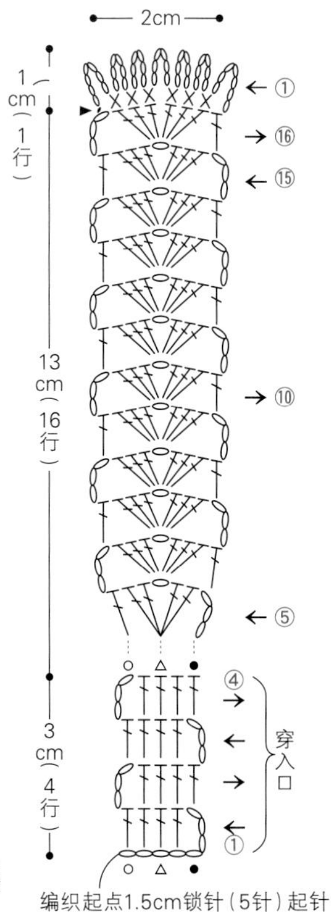

Shoes
可爱的鞋子和靴子

两款不同筒高的靴子，一双小巧可爱的皮鞋，
再加一双运动风的板鞋。
尺寸虽小，但细枝末节都有精心处理，像真的一样摆放着。

编织方法 /49、50…p.30　51、52…p.31
设计 / 冈真理子

Socks
条纹袜

一只、两只、三只……
不同色彩排列而成，给人好心情。
不妨用各种颜色试着编织。

编织方法 /53…p.30　54~57…p.59
设计 / 冈真理子

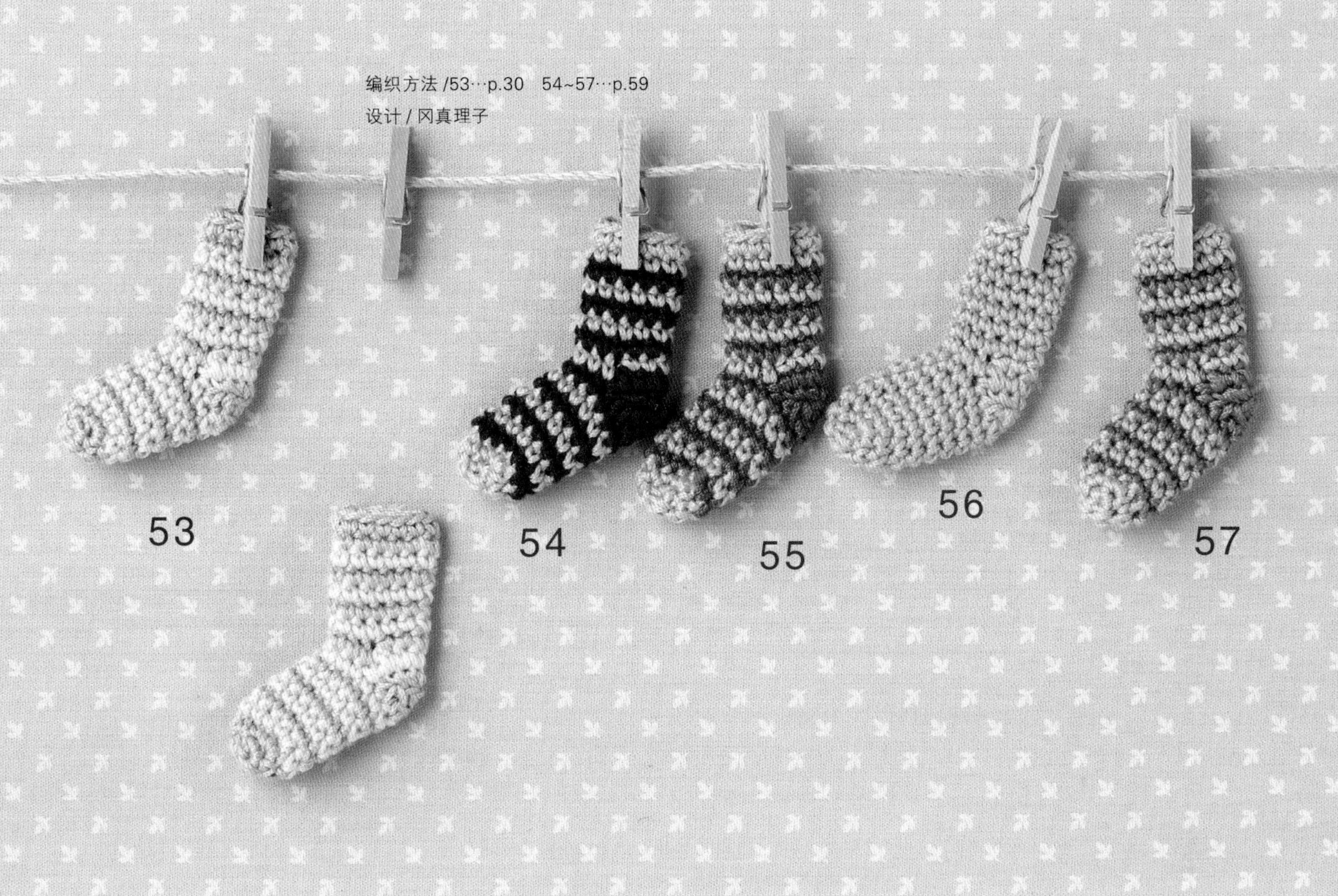

所使用的作品分别为 57、51（从左侧开始）

49

图片…p.28

材料与工具

线：和麻纳卡 Aprico/褐色（18）…5g

其他：圆环5mm（古金色）…2个，填充棉…少量

针：钩针3/0号

主体

翻至正面

0.8cm（1行）

参照作品50，编织11行筒高和1行翻折部分

穿入扣带

3cm（11行）

塞入填充棉

底部第2行的条纹针剩余的前面半针钩织引拔针

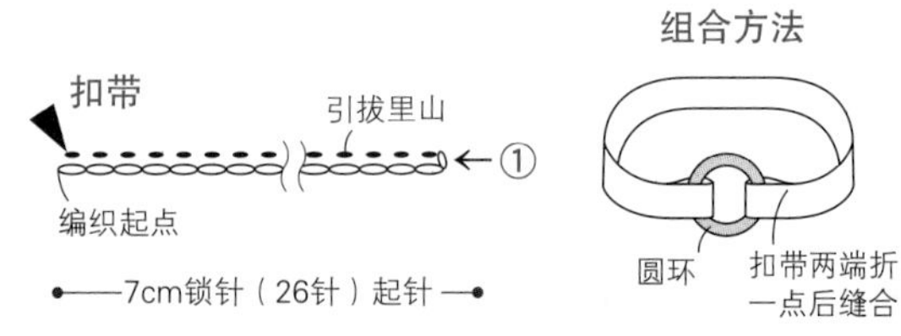

50

图片…p.28

材料与工具

线：和麻纳卡 Aprico/深褐色（19）…6g、米色（22）…少量

其他：填充棉…少量

针：钩针3/0号

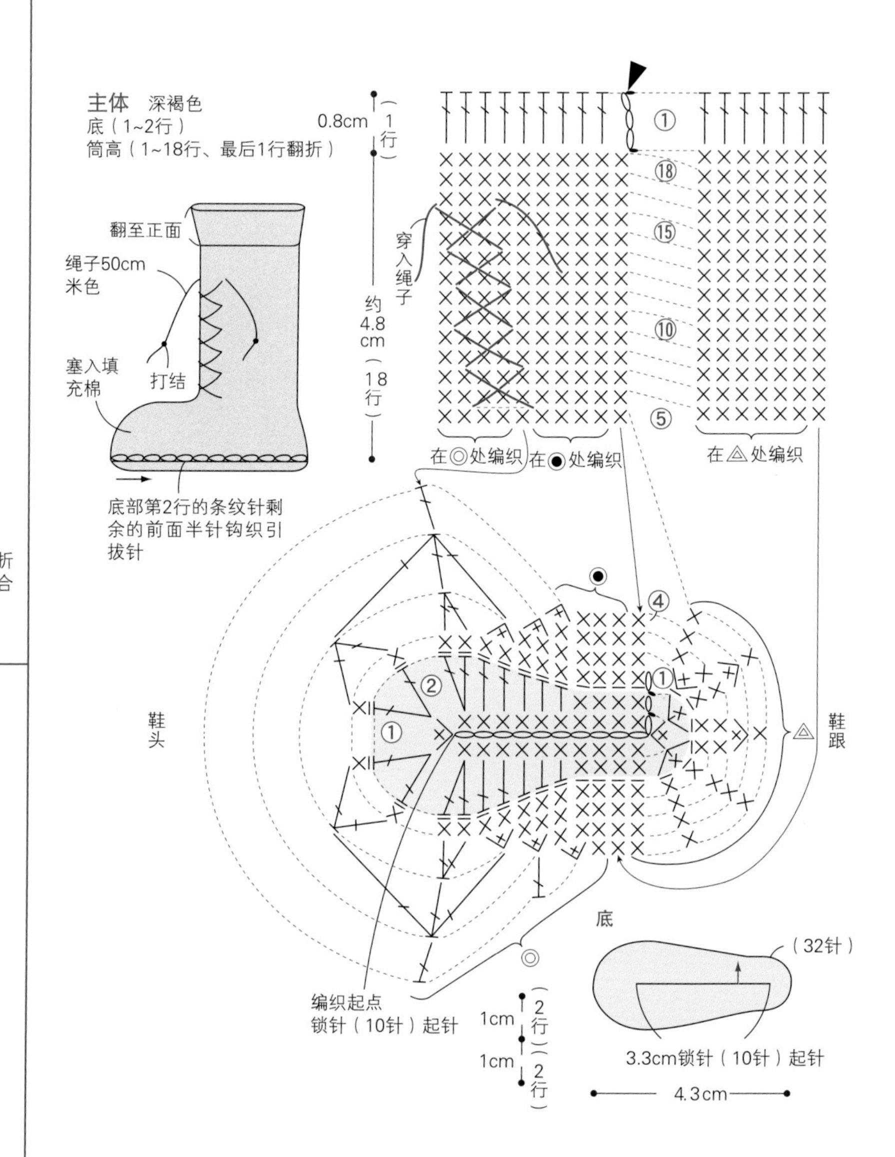

53

图片…p.29

材料与工具

线：和麻纳卡 Wash Cotton（Crochet）/米色（103）…2g、原白色（102）…1g

针：钩针3/0号

主体 —— = 米色 —— = 原白色

袜跟第1行

休线的b线

渡线的a线

在△处编织

编织起点 锁针（3针）起针

袜跟编织的要点

※★处引拔、渡线，挑起锁针的里山，编织袜跟的第1行

※包住第10行的✖休线的b线钩织短针

袜跟的第2行

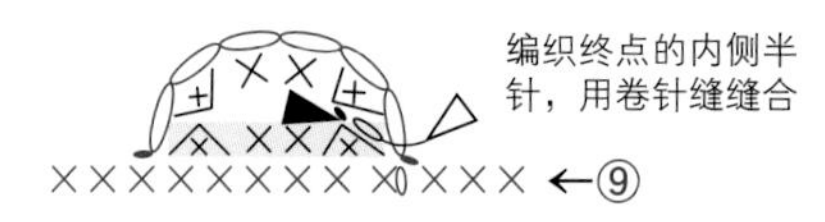

⩘、✕ = 包住渡线的a线钩织

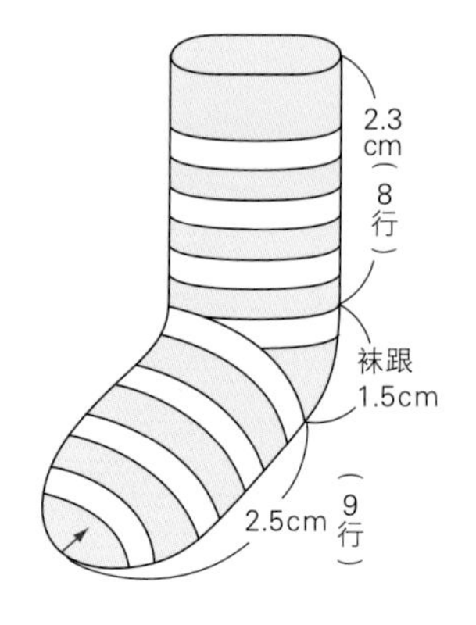

51

图片…p.28、29

材料与工具
线：和麻纳卡 Aprico/芥末黄色（17）…3g
其他：别针（6-14-7 金色）…1个，蕾丝线…少量
针：钩针3/0号

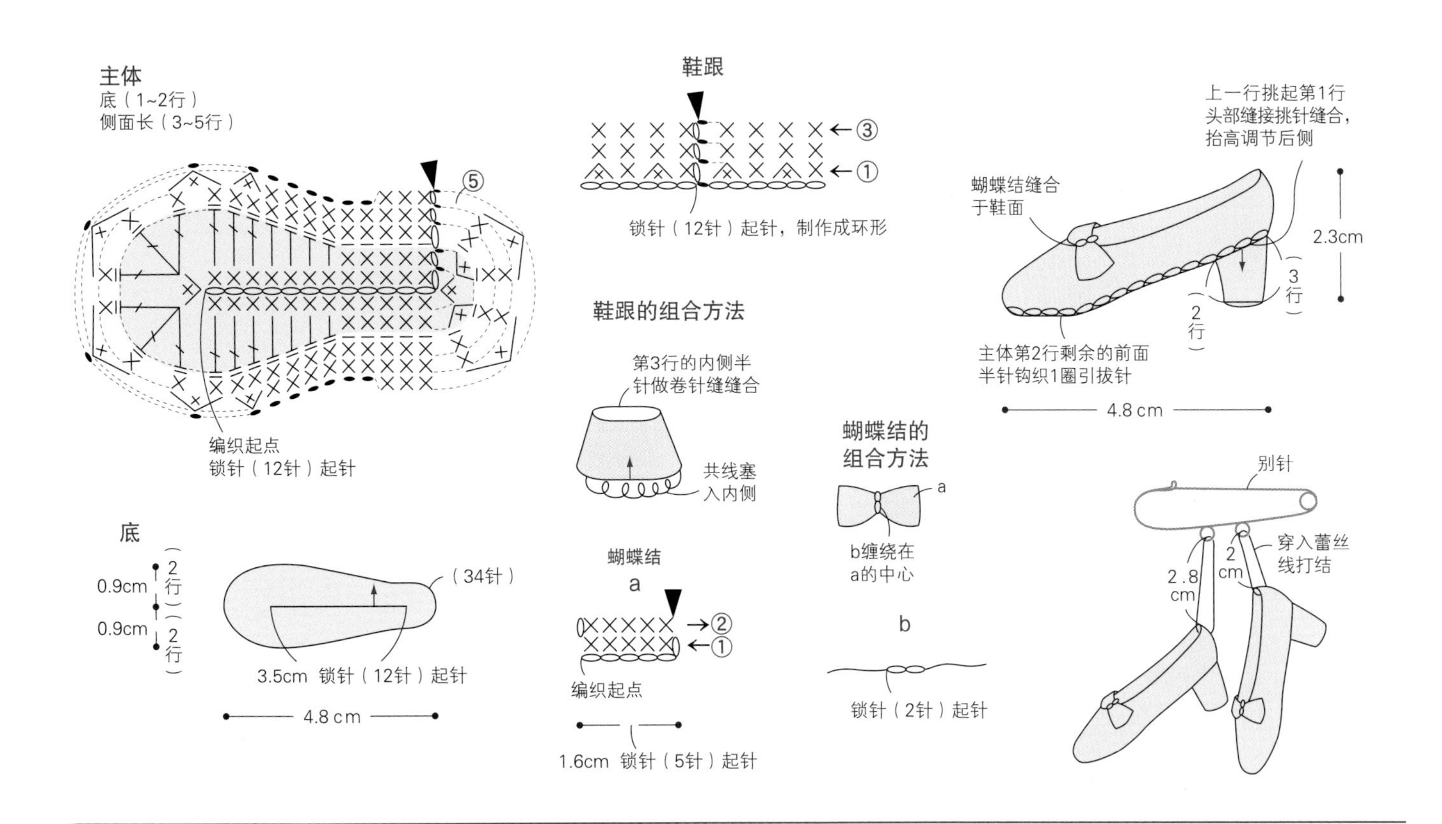

52

图片…p.28

材料与工具
线：和麻纳卡 Aprico/原白色、蓝色（13）…各2g，芥末黄色（17）…1g
针：钩针3/0号

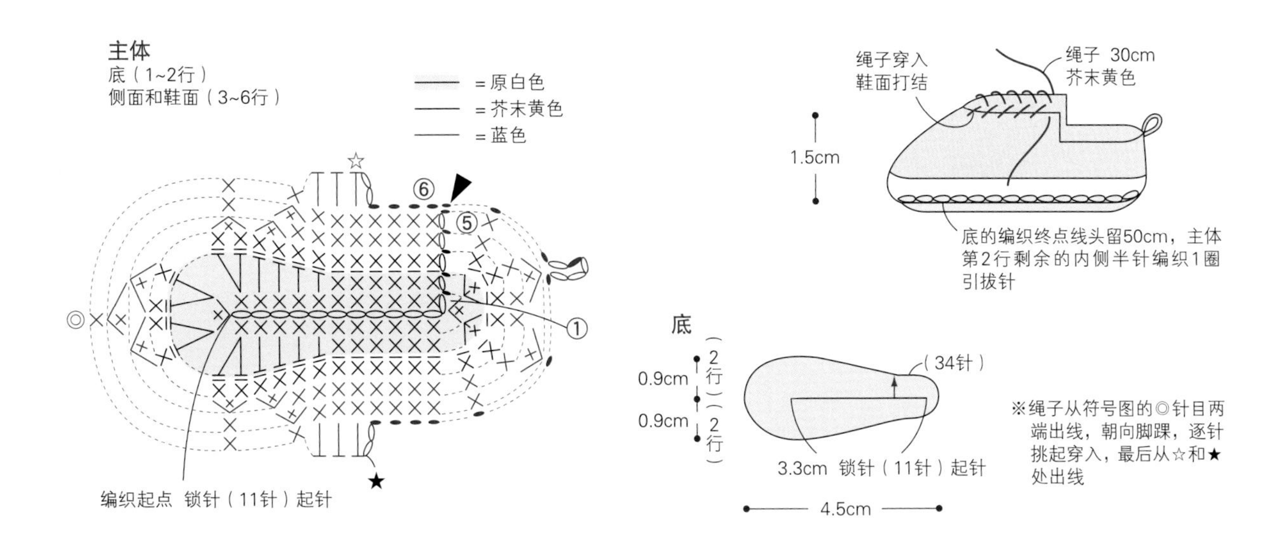

Bag
日用小包

配色花样给时尚的包包增添了精致的感觉。
都是适合外出拿的款式。

编织方法 / p.34
设计 / 今村曜子

用小花装饰的精美小包，加上链条制作成项链。

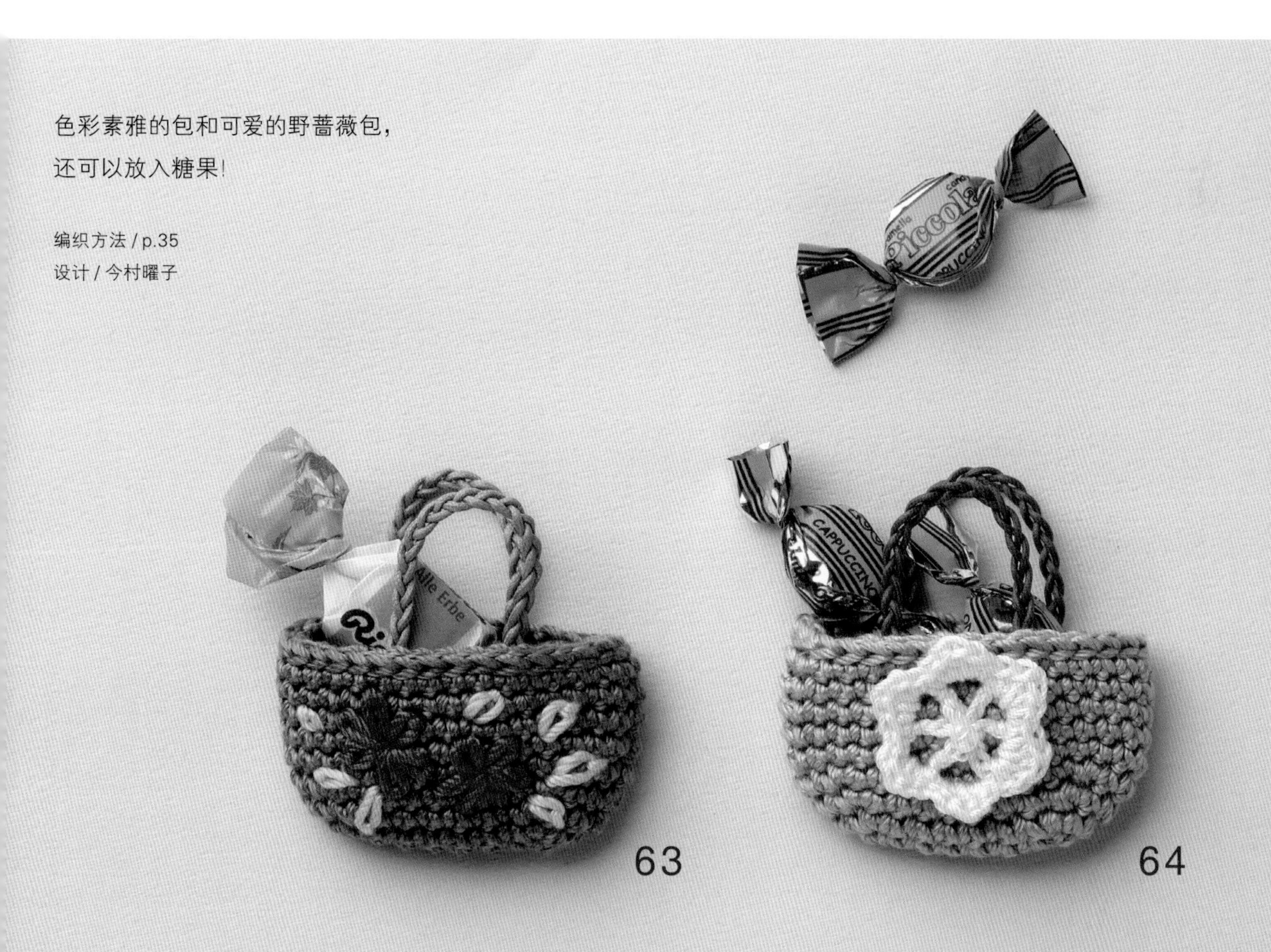

色彩素雅的包和可爱的野蔷薇包，
还可以放入糖果！

编织方法 / p.35
设计 / 今村曜子

58

图片…p.32

材料与工具

线：DARUMA Supima Crochet Soft/藏蓝色（18）…4g、原白色（2）…2g

针：钩针2/0号

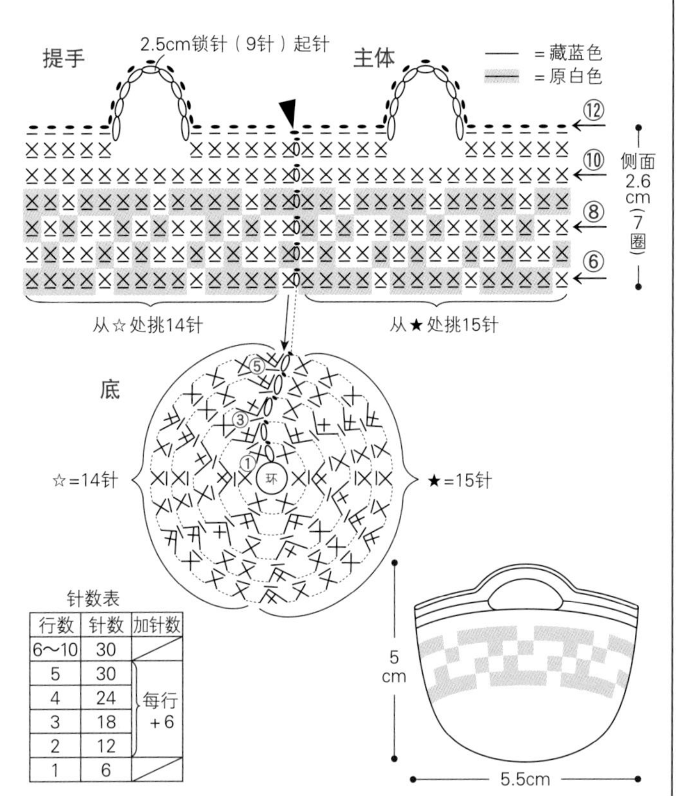

行数	针数	加针数
6~10	30	
5	30	每行+6
4	24	
3	18	
2	12	
1	6	

60

图片…p.32

材料与工具

线：Olympus Emmy Grande（飞白）/黄绿色飞白（21）…3g

其他：直径0.8cm纽扣…1颗

针：蕾丝针0号

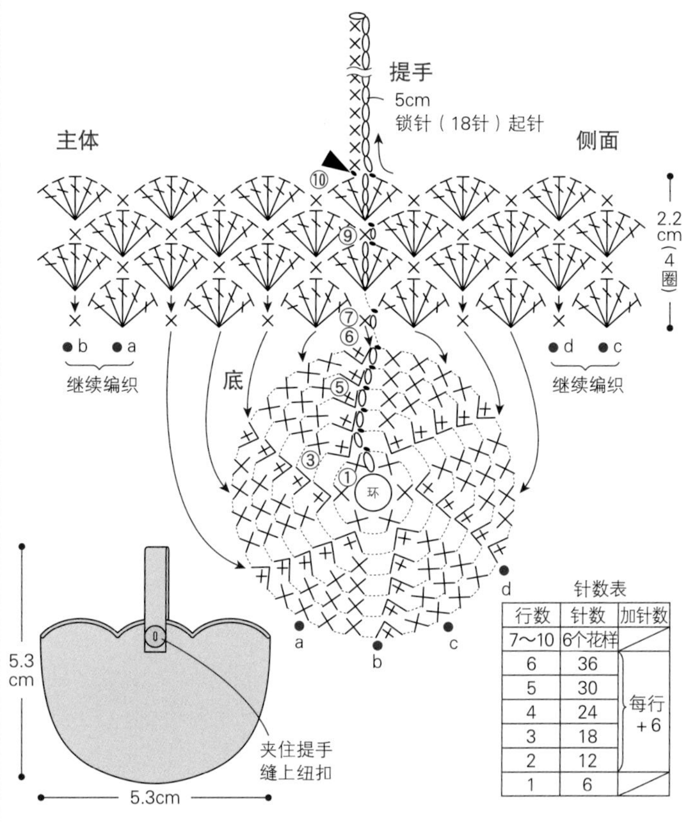

行数	针数	加针数
7~10	6个花样	
6	36	每行+6
5	30	
4	24	
3	18	
2	12	
1	6	

59

图片…p.32

材料与工具

线：DARUMA Supima Crochet Soft/黄绿色（11）…4g、粉红色（16）…1g

针：钩针2/0号

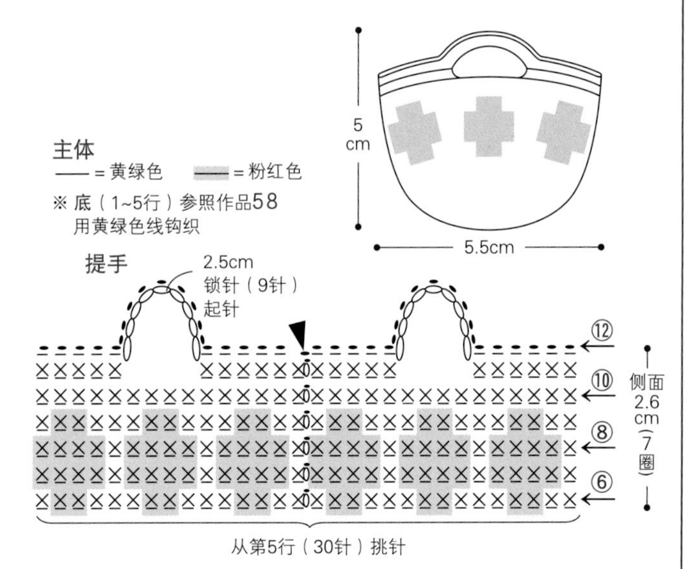

61

图片…p.32

材料与工具

线：Olympus Emmy Grande（herbs）/浅黄色（560）…3g、深褐色（777）…1g

其他：直径0.8cm纽扣…1颗

针：蕾丝针0号

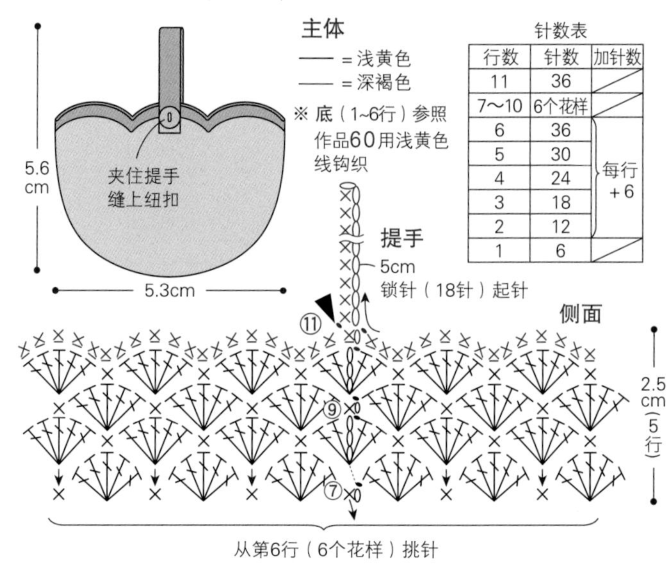

行数	针数	加针数
11	36	
7~10	6个花样	
6	36	每行+6
5	30	
4	24	
3	18	
2	12	
1	6	

62

图片…p.33
重点教程…p.6

材料与工具
线：和麻纳卡 TiTi Crochet/淡蓝色（12）…2g，浅褐色（4）、橙色（6）…各少量
其他：和麻纳卡 针织环21mm（H204-588-21）…2个，链条（12-11-1）…1根
针：蕾丝针0号

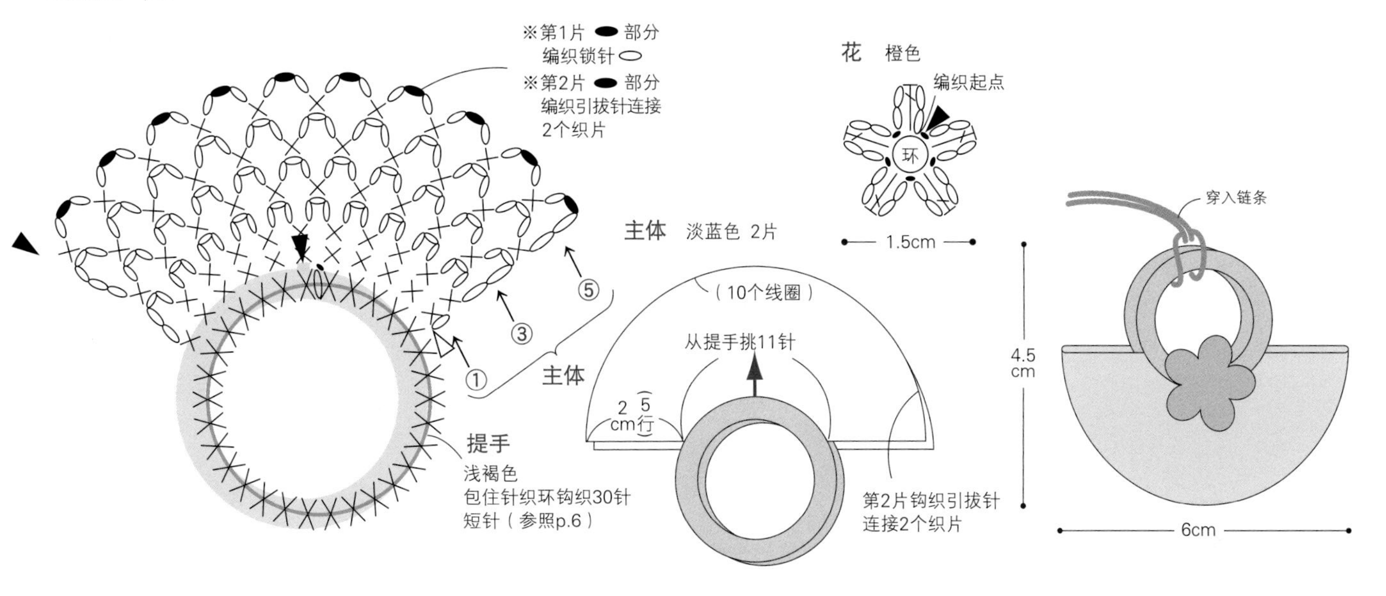

63

图片…p.33

材料与工具
线：DARUMA Supima Crochet Soft/紫色（12）…3g，粉红色（16）、黄绿色（11）…各少量，蜡绳/褐色（2）…45cm
其他：手缝线…少量，黏合剂
针：钩针2/0号

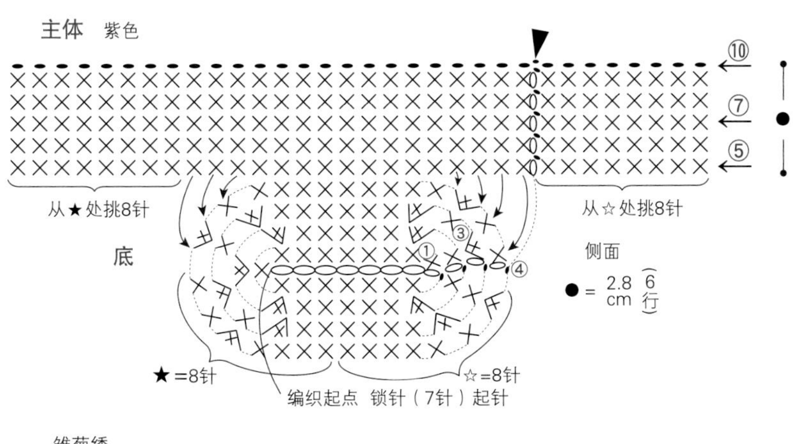

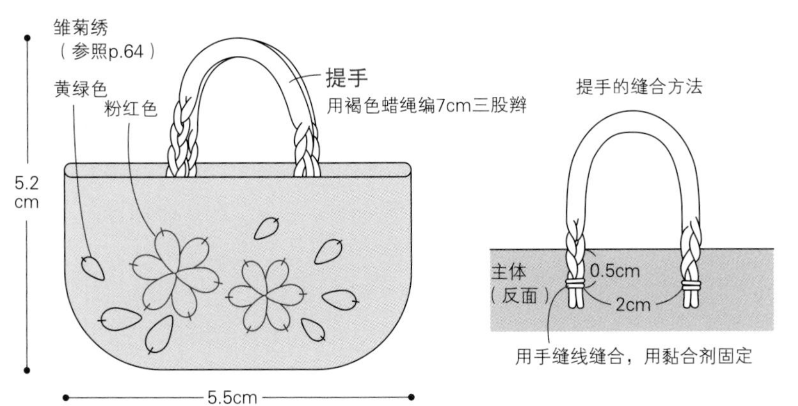

64

图片…p.33

材料与工具
线：DARUMA Supima Crochet Soft/米色（15）…3g，Supima Crochet/原白色（2）…1g，蜡绳/深褐色（3）…45cm
其他：直径4mm串珠…1颗，手缝线…少量，黏合剂
针：蕾丝针0号，钩针2/0号

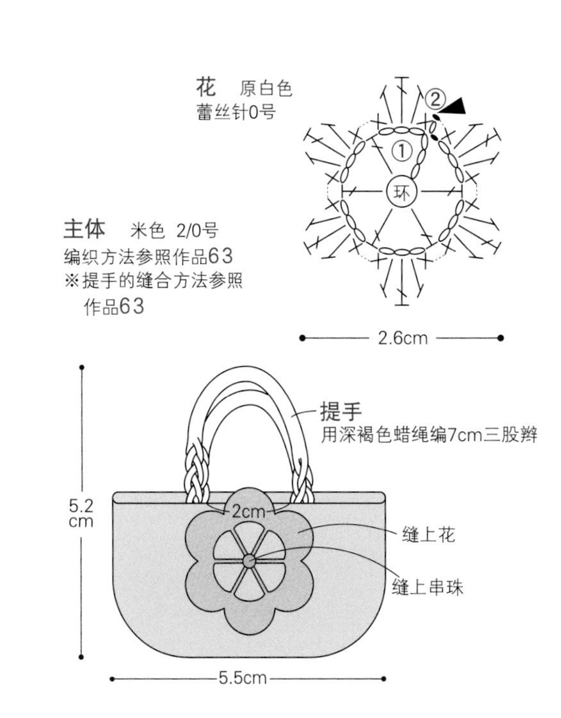

Pouch
圆鼓鼓的口金包

圆鼓鼓的口金包，搭配圆润的枣形针。
尺寸非常小，只能装下硬币。

编织方法 / p.39
设计 / 藤田智子

65

66

Pouch of tart
水果塔形口金包

看着就让人流口水的水果塔形口金包。
巧克力奶油加蓝莓，鲜奶油加草莓和树莓。
拿在手上，小小少女情怀包含其中。

编织方法 / p.38
设计 / 藤田智子

后面就像水果塔。

从侧面看，简直就是真的水果塔。

68

图片…p.37

材料与工具

线：和麻纳卡 TiTi Crochet/浅褐色（4）…7g、原白色（2）…2g、红色（8）…1g、抹茶色（24）…少量

其他：和麻纳卡 小口金（H207-015-4 仿古）…1组，手缝线…少量

针：钩针2/0号

主体 **前面** 参照配色表 1片

后面 浅褐色 1片

中心

①侧片

※第9行的 ⊤、✕ 挑起第8行的前面半针开始钩织

※第4行的爆米花针将第3行压向前面，在第2行的锁针中入针钩织

※侧片将第9行压向前面，在第8行的后面半针钩织

主体（前面）的配色表

行数	1~2	3	4	5~6	7~9	侧片
配色	原白色	抹茶色	红色	原白色	浅褐色	浅褐色

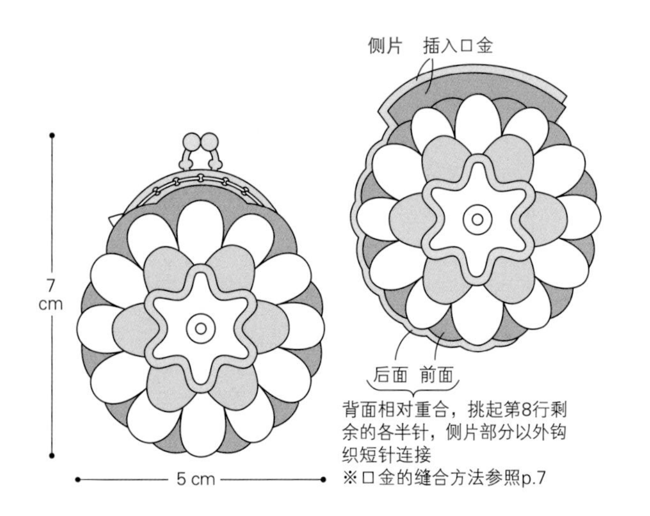

背面相对重合，挑起第8行剩余的各半针，侧片部分以外钩织短针连接

※口金的缝合方法参照p.7

69

图片…p.37

材料与工具

线：和麻纳卡 TiTi Crochet/浅褐色（4）…5g，原白色（2）…3g，藏蓝色（19）、抹茶色（24）…各少量，Wash Cotton Crochet/胭脂红色（116）…少量

其他：TiTi Crochet 小口金（H207-015-4 仿古）…1组，手缝线…少量

针：钩针2/0号

主体

前面 1片

参照作品68的符号图，按右边的配色表钩织

后面 浅褐色 1片

主体（前面）的配色表

行数	1~6	7~9	侧片
配色	原白色	浅褐色	浅褐色

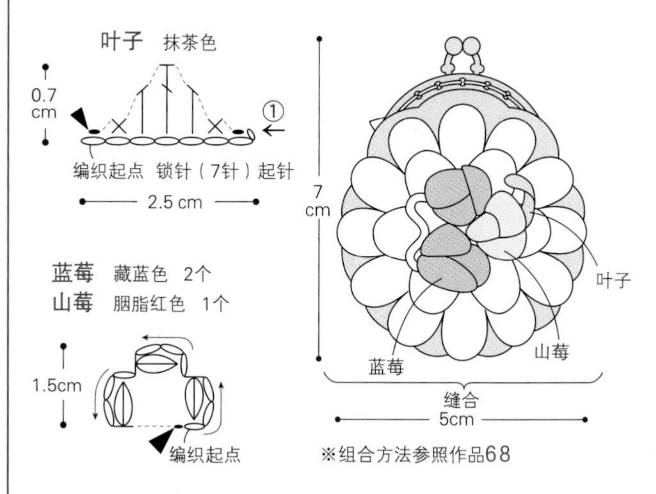

※组合方法参照作品68

67

图片…p.37

材料与工具

线：和麻纳卡 TiTi Crochet/深褐色（18）…6g，藏蓝色（19）、浅褐色（4）…各3g，红色（8）…1g，抹茶色（24）…少量

其他：和麻纳卡 小口金（H207-015-4 仿古）…1组，手缝线…少量

针：钩织2/0号

主体

前面 1片

参照作品68的符号图，按配色表钩织

主体（前面）的配色表

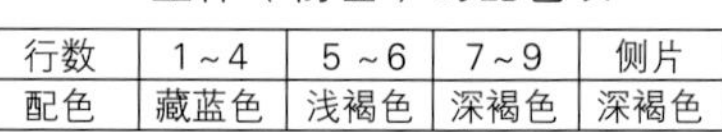

行数	1~4	5~6	7~9	侧片
配色	藏蓝色	浅褐色	深褐色	深褐色

后面 深褐色 1片

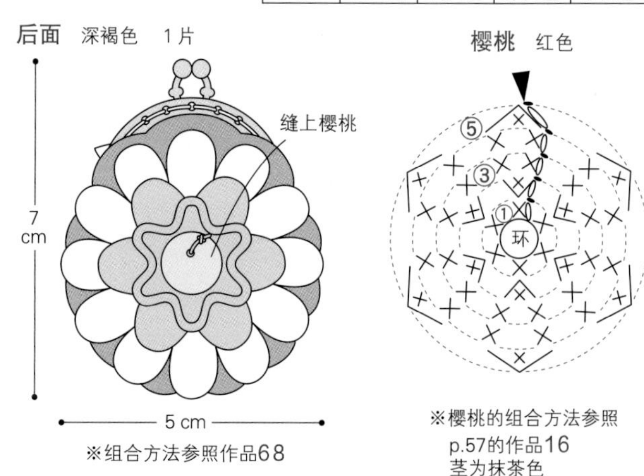

※组合方法参照作品68

※樱桃的组合方法参照p.57的作品16

茎为抹茶色

66

图片…p.36
重点教程…p.7

材料与工具
线：和麻纳卡 Wash Cotton Crochet/原白色（102）…5g
其他：和麻纳卡 小口金（H207–015–4 仿古）…1组，挂钩（H231–009–2 古金色）…1个，圆环4mm（H231–024–2 古金色）…1个，手缝线…少量
针：钩针2/0号

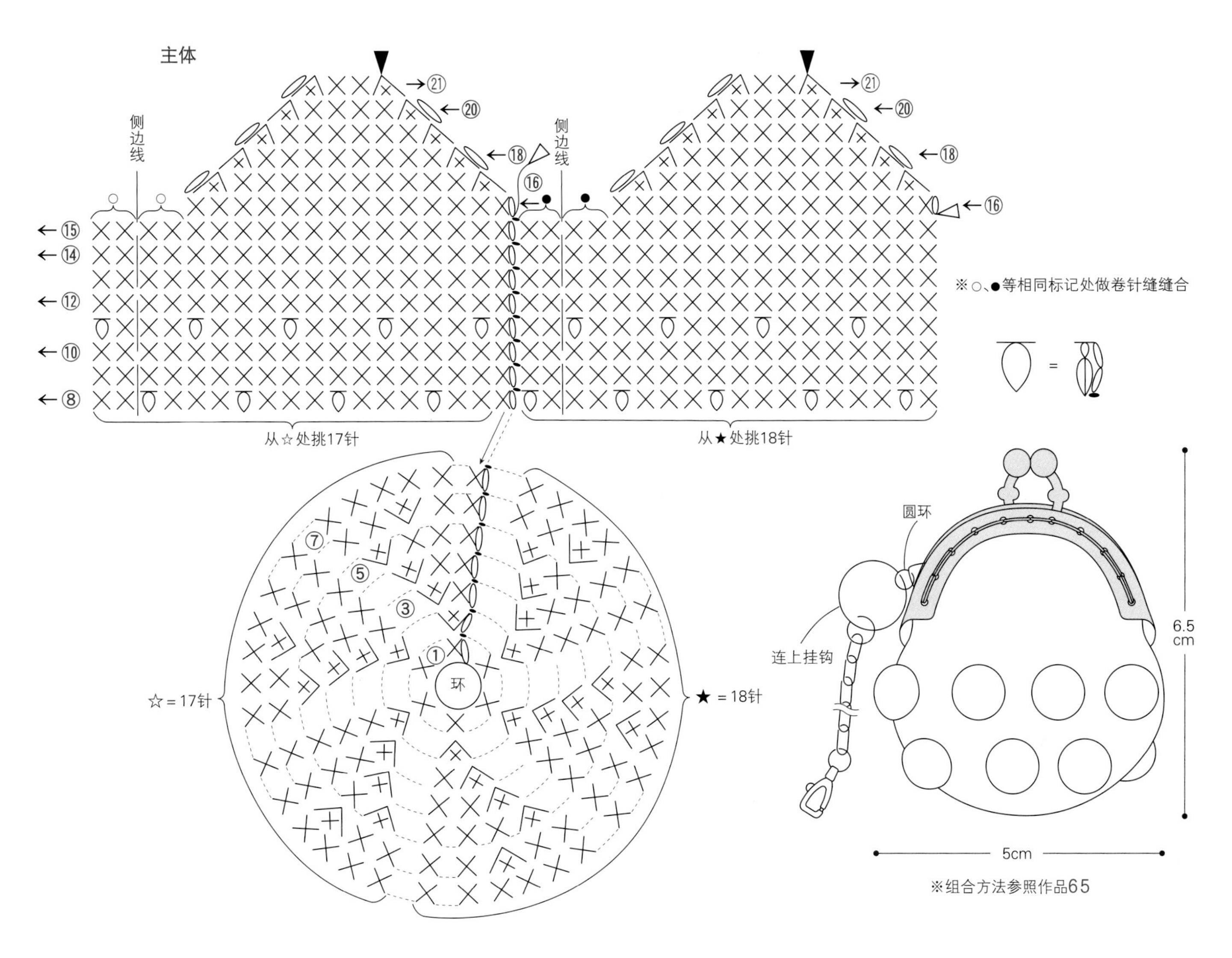

※组合方法参照作品65

65

图片…p.36
重点教程…p.7

材料与工具
线：和麻纳卡 Wash Cotton Crochet/蓝色（110）…4g、原白色（102）…1g
其他：和麻纳卡 小口金（H207–015–4 仿古）…1组，挂钩（H231–009–2 古金色）…1个，圆环4mm（H231–024–2 古金色）…1个，手缝线…少量
针：钩针2/0号

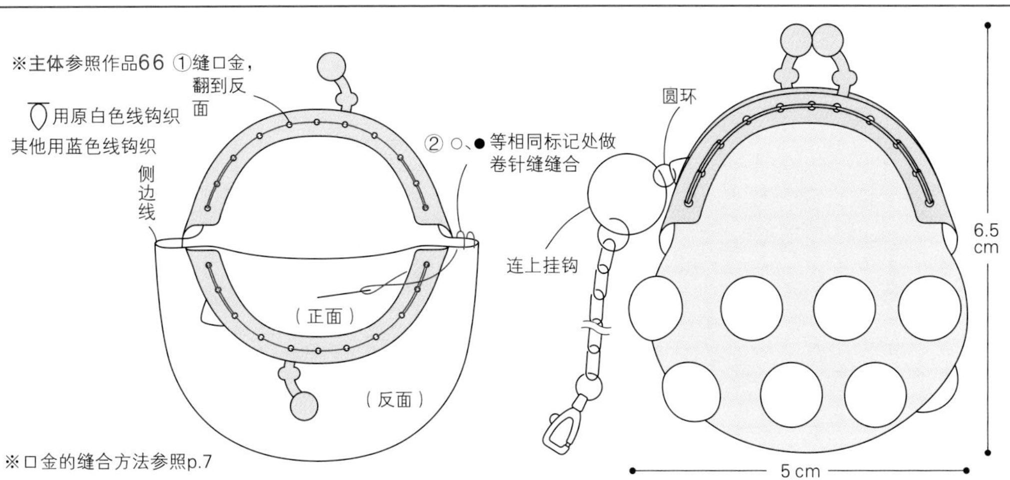

※口金的缝合方法参照p.7

Lucky motif
幸运花片

带来幸运的蓝鸟和猫头鹰。
缝在衣服或包包上，令人心情舒畅。
也可作为小小的护身符佩戴。

编织方法 / p.42
设计 / 远藤弘美

充满幸福表情的小青蛙，还有田野里的四叶草。
按颜色区分使用，每天都有不同搭配。
同样，也是赠送朋友的好礼物。

编织方法 / p.43
设计 / 远藤弘美

70

图片…p.40

材料与工具

线：和麻纳卡 Wash Cotton Crochet/淡蓝色（109）…2g，绿色（126）…1g，黄色（104）、白色（101）…各少量

其他：黑色大圆珠…1颗，手缝线…少量

针：蕾丝针0号

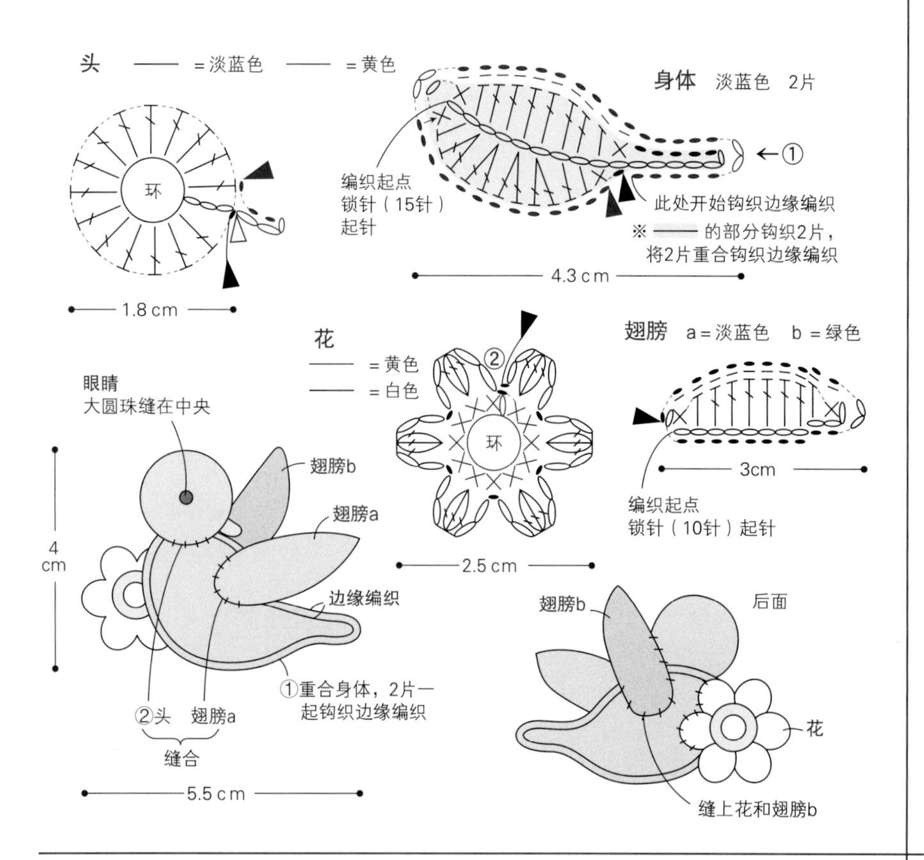

71

图片…p.40

材料与工具

线：和麻纳卡 Wash Cotton Crochet/蓝色（110）…2g、淡蓝色（109）…1g、黄色（104）…少量

其他：黑色大圆珠…1颗，手缝线…少量

针：蕾丝针0号

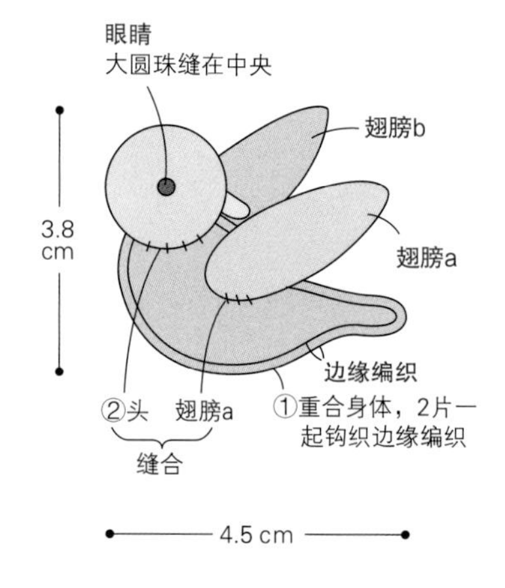

72

图片…p.40

材料与工具

线：和麻纳卡 Rosee/褐色（2）…3g，Wash Cotton Crochet/原白色（102）、黄色（104）、黄绿色（108）…各少量，Floral Wreath/米色（2）…少量

其他：黑色大圆珠…2颗，手缝线…少量

针：蕾丝针0号

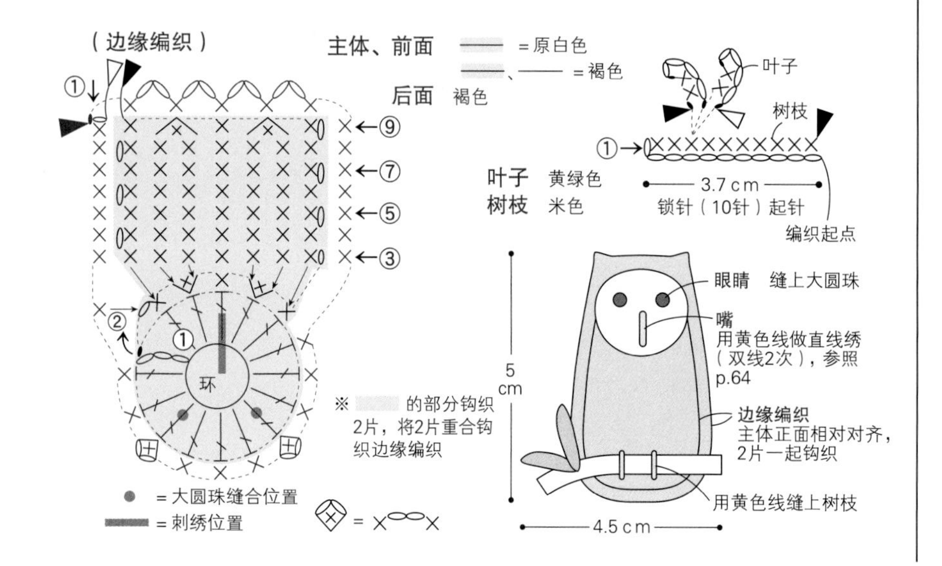

73

图片…p.40

材料与工具

线：和麻纳卡 Rosee/黄色系（1）…3g，Wash Cotton Crochet/原白色（102）、黄色（104）…各少量

其他：黑色大圆珠…2颗，手缝线…少量

针：蕾丝针0号

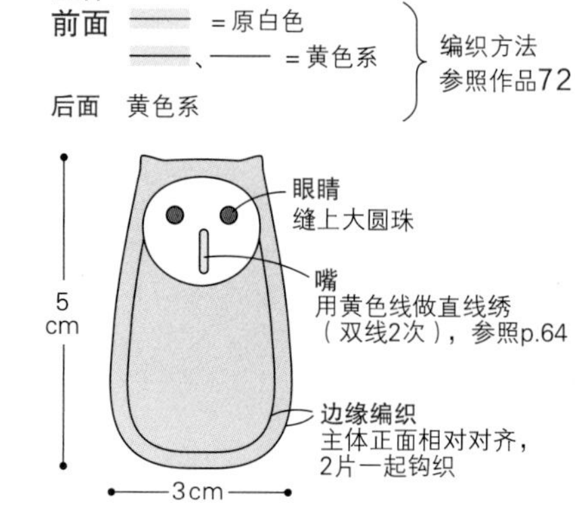

74

图片…p.41

材料与工具

线：Olympus Emmy Grande（herbs）/薄荷绿色（252）…2g、浅粉红色（141）…少量，Emmy Grande（colors）/黑色（901）…少量

针：蕾丝针0号

主体

前面 —— 、—— =薄荷绿色

—— =浅粉红色 —— =黑色

后面 薄荷绿色

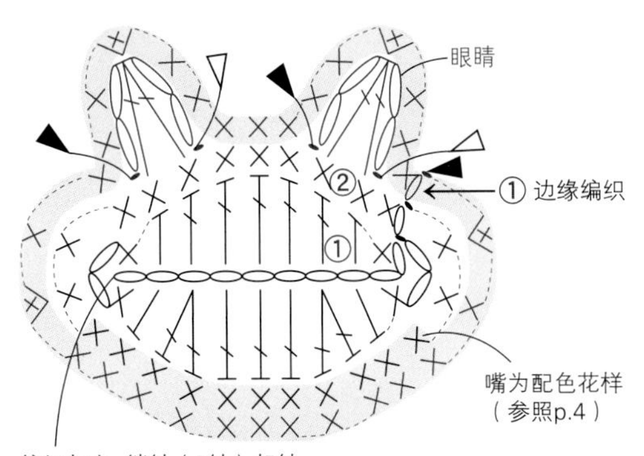

※ —— 以外的部分钩织2片，将2片重合钩织边缘编织

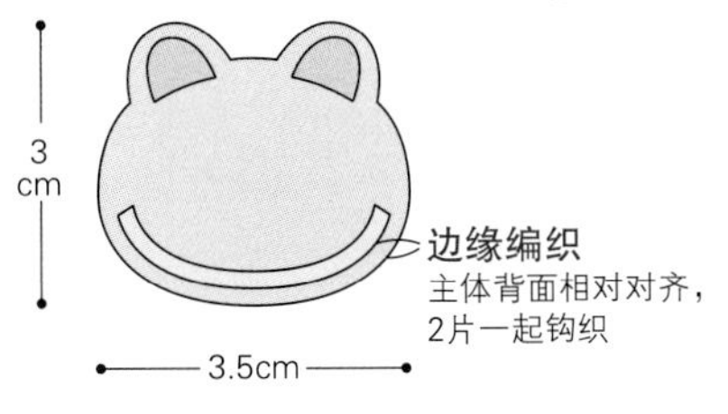

75

图片…p.41

材料与工具

线：Olympus Emmy Grande（herbs）/浅黄色（560）…2g，深褐色（777）、浅粉红色（141）…各少量，Emmy Grande（colors）/粉紫色（127）、黄绿色（229）…各少量

针：蕾丝针0号

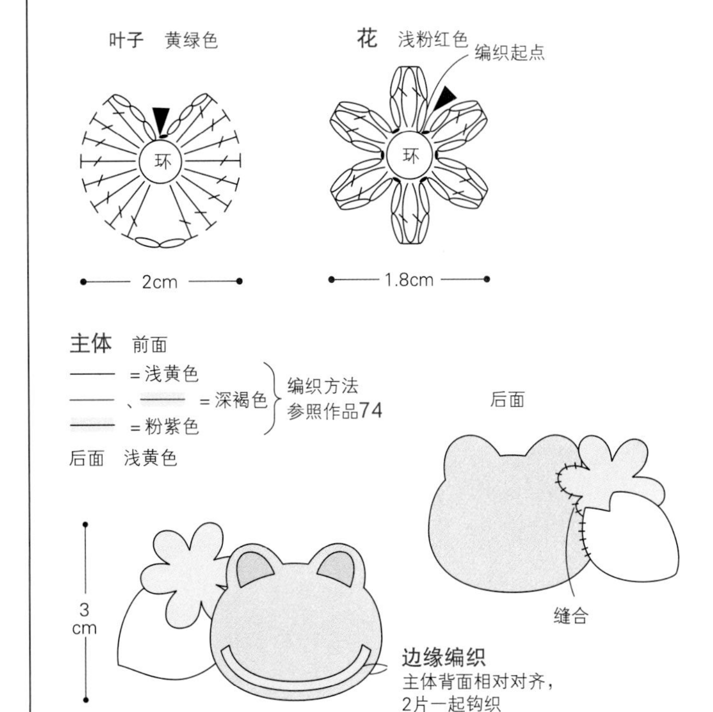

76

图片…p.41

重点教程…p.7

材料与工具

线：Olympus Emmy Grande（colors）/薄荷绿色（244）…2g，Emmy Grande/原白色（804）…1g

其他：直径5cm的橡皮筋…1根

针：蕾丝针0号

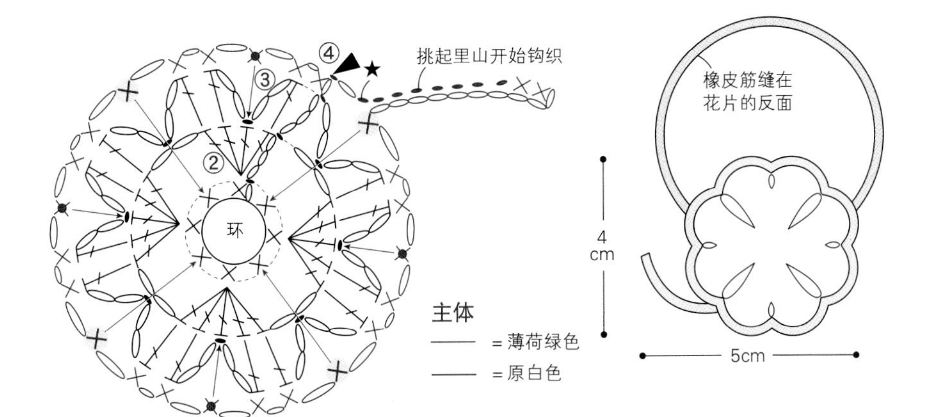

★的引拔针参照p.62的3针锁针的狗牙拉针步骤3的位置挑针

第4行的✕在第2行的〒处编织，✕ 在第1行的✕处编织（参照p.7）

77

图片…p.41

重点教程…p.7

材料与工具

线：Olympus Emmy Grande（colors）/绿色（265）…2g，Emmy Grande/浅黄色（560）…1g

针：蕾丝针0号

主体

—— =绿色

—— =浅黄色

编织方法参照作品76

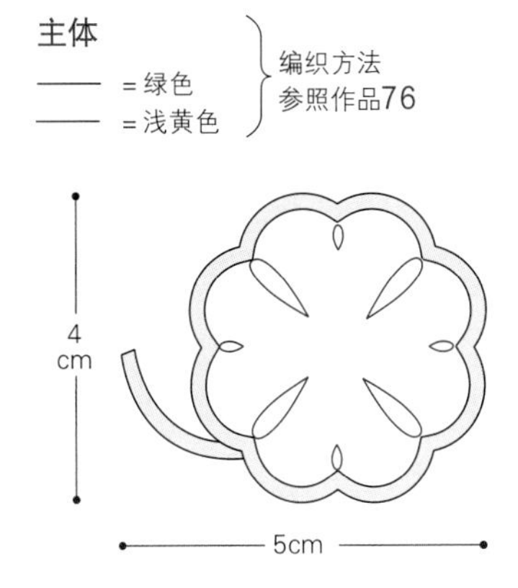

Insect picture book
手工制作昆虫图鉴

女孩喜欢的漂亮蝴蝶和男孩喜欢的独角仙。
可以当作发卡，也可以单独作为帽子的点缀或小挂饰。
独角仙大战，谁更厉害呢？

编织方法 /78~81…p.46　82…p.47
设计 / 冈真理子

美丽的小花和小叶子上，停留着蜜蜂和瓢虫。
图鉴般的装饰，也可作为发卡装饰。
也适合作为送给小孩子的礼物。

编织方法 /83…p.59 84、85…p.47
设计 / 冈真理子

78

图片…p.44

材料与工具

线：Olympus Emmy Grande/灰褐色（739）…1g，Emmy Grande（herbs）/橙色（171）…1g

针：钩针2/0号

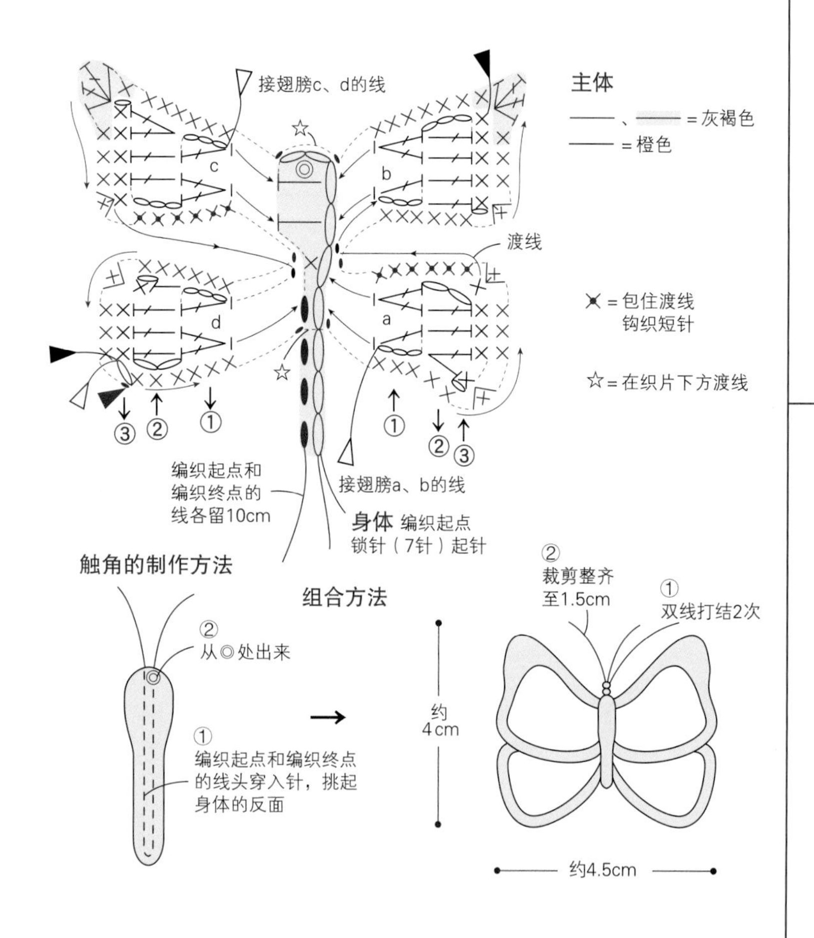

79

图片…p.44

材料与工具

线：Olympus Emmy Grande（colors）/原白色（804）…1g，Emmy Grande/灰褐色（739）…1g

针：钩针2/0号

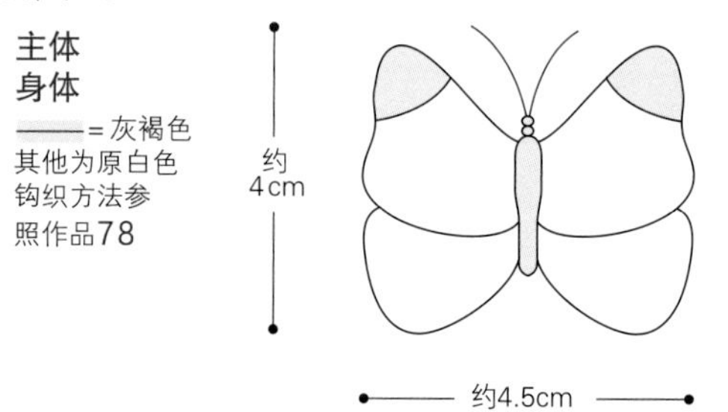

80

图片…p.44

材料与工具

线：Olympus Emmy Grande/浅黄色（520）、灰褐色（739）…各1g

其他：发卡…1个

针：钩针2/0号

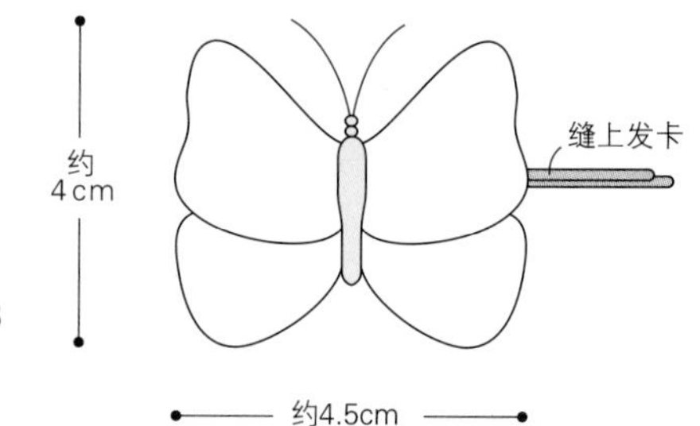

81

图片…p.44、45

材料与工具

线：Olympus Emmy Grande/灰蓝色（318）…2g

其他：填充棉…少量

针：钩针2/0号

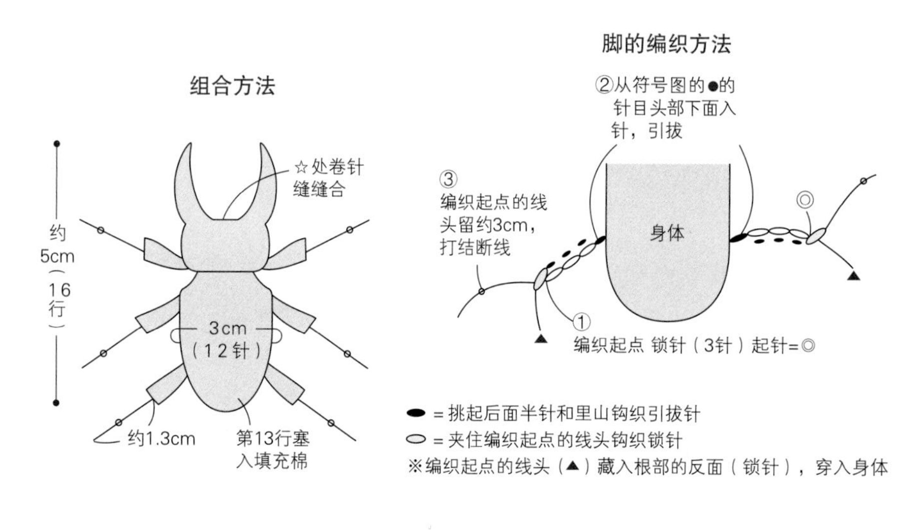

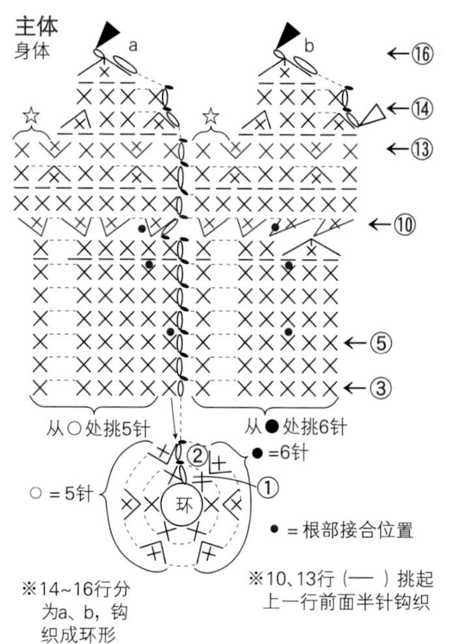

82

图片…p.44、45

材料与工具
线：Olympus　Emmy Grande/深棕色（416）…2g
其他：填充棉…少量
针：钩针2/0号

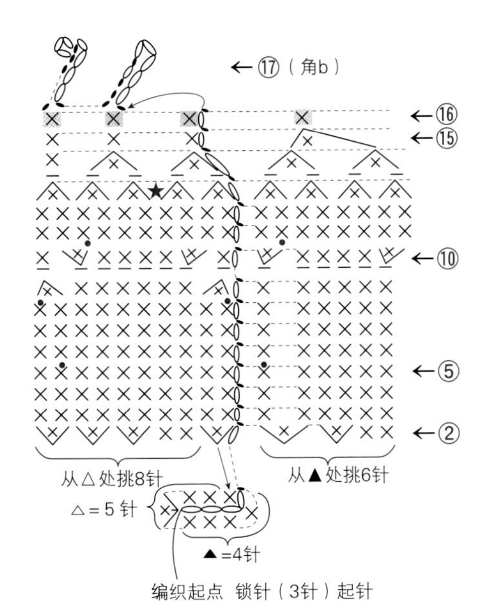

★=角a接合位置
●=脚接合位置
※=角b重合 、 的针目，
挑起2针一起钩织

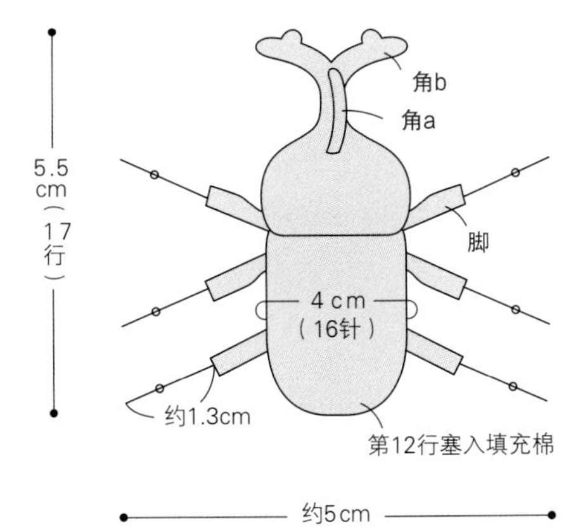

84

图片…p.45

材料与工具
线：Olympus　Emmy Grande/浅粉色（102）、浅黄色（520）、黄色（521）、灰褐色（739）、原白色（804）…各少量
其他：填充棉…少量、发卡…1个
针：钩针2/0号

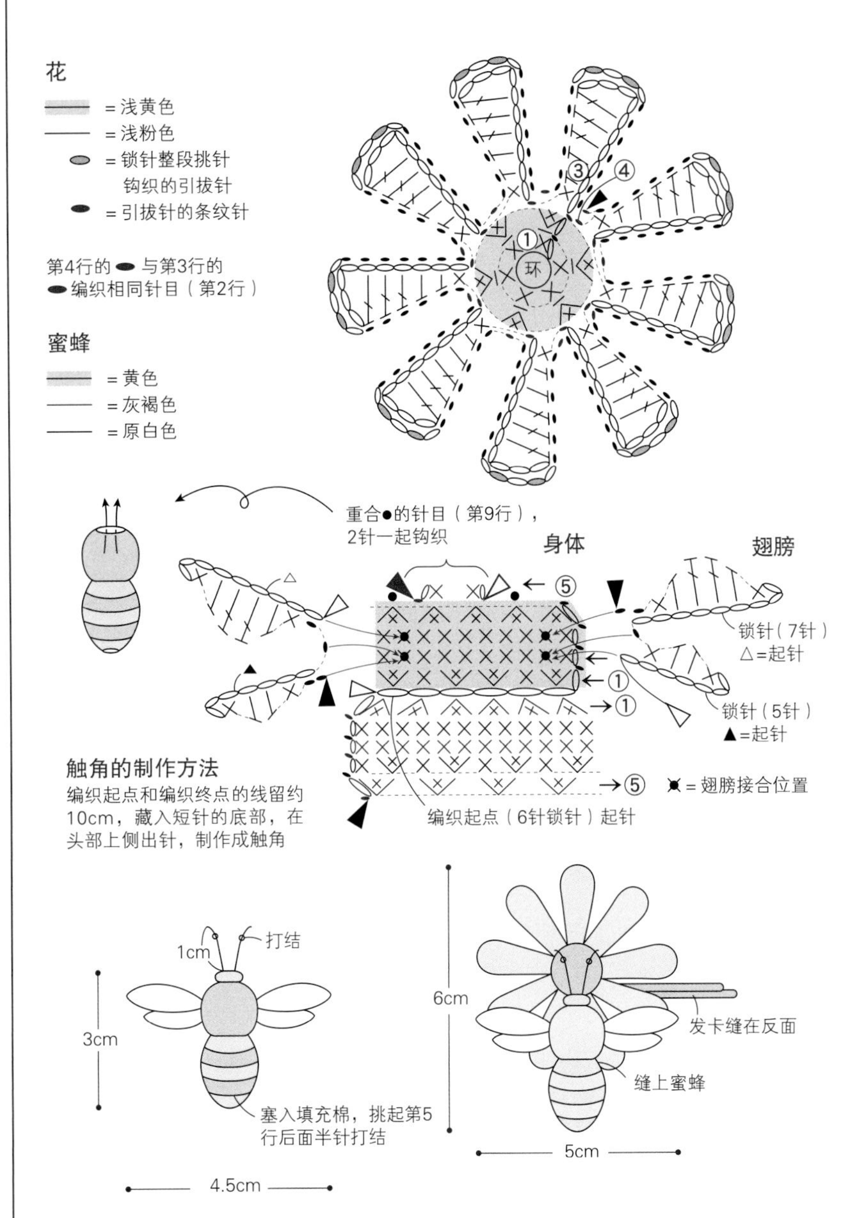

85

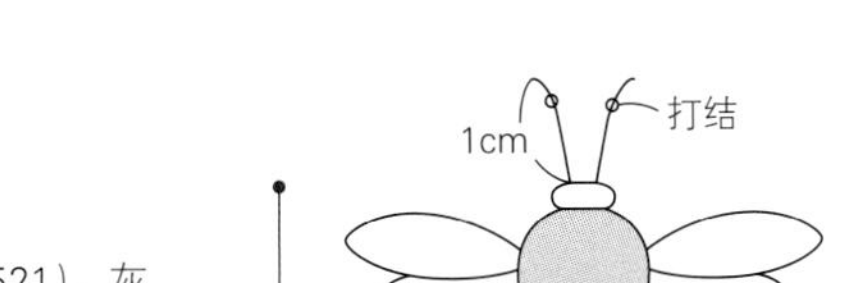

※编织方法、配色参照作品84

图片…p.45

材料与工具
线：Olympus　Emmy Grande/黄色（521）、灰褐色（739）…各1g，原白色（804）…少量
其他：填充棉…少量
针：钩针2/0号

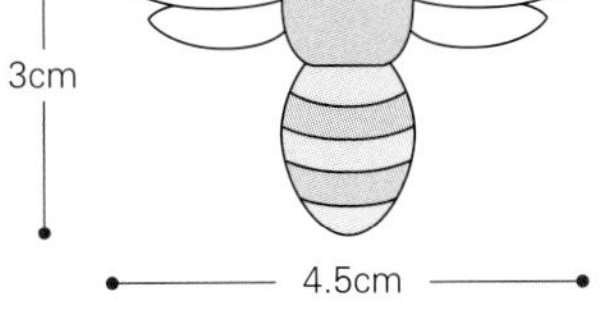

Sea creature
海洋生物

优雅地在大海里游弋的多彩热带鱼和马面鱼。
男孩或女孩可自己选择适合的颜色。

编织方法 / p.50
设计 / 市川美雪

准备表演的海豚，
还有抱着球的灰色海豹和白色海豹。
看着就让人喜欢。

编织方法 / p.51
设计 / 市川美雪

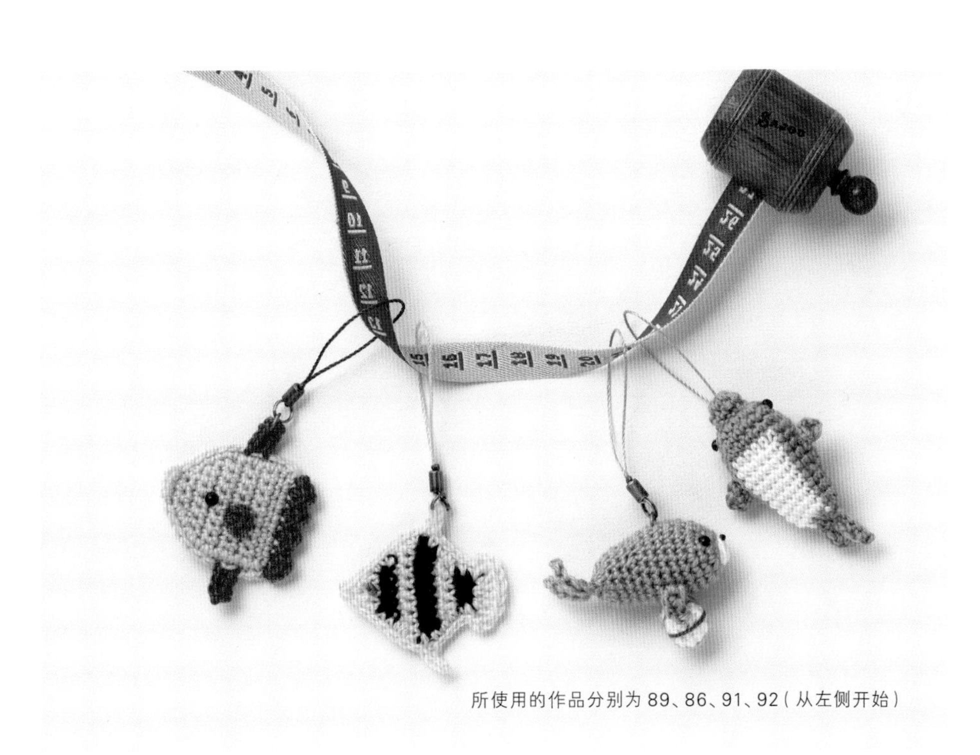

所使用的作品分别为 89、86、91、92（从左侧开始）

86

图片…p.48、49

材料与工具

线：DARUMA 小卷 Café Demi/黄色（5）…2g、黑色（30）…1g、绿色（14）…少量

其他：挂绳（6-3-16）…1根，圆环5mm（a-533 古银色）…1个

针：钩针3/0号

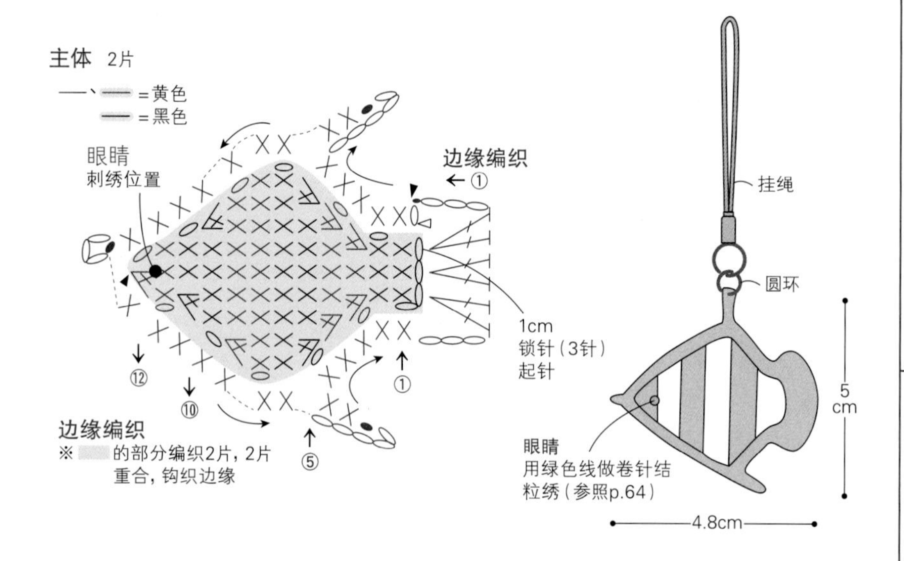

87

图片…p.48

材料与工具

线：DARUMA 小卷 Café Demi/天蓝色（17）…2g、黑色（30）…1g、深粉色（4）…少量

针：钩针3/0号

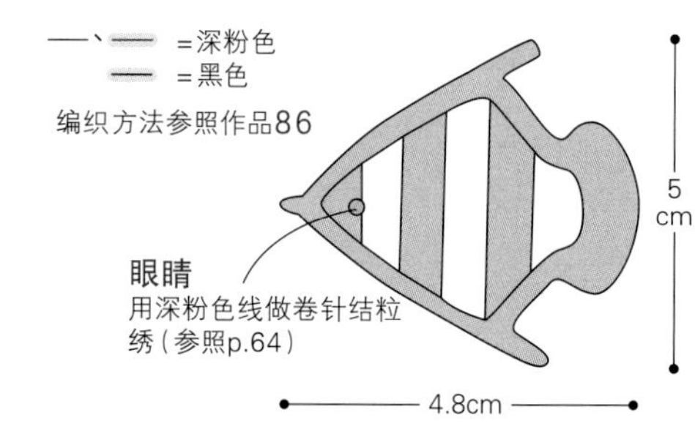

88

图片…p.48

材料与工具

线：DARUMA 小卷 Café Demi/粉红色（2）…2g、黑色（30）…1g、绿松石色（19）…少量

针：钩针3/0号

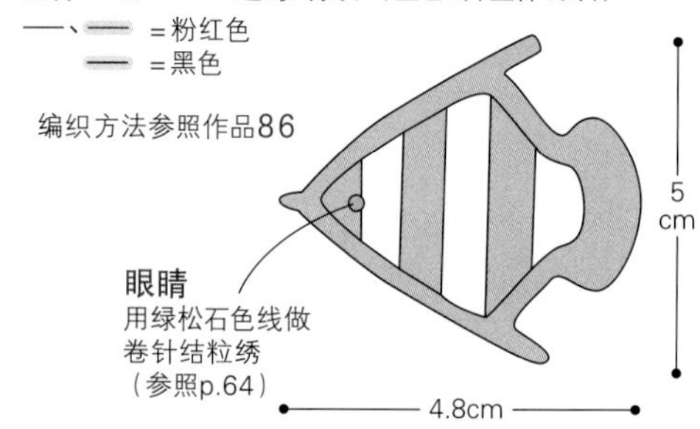

89

图片…p.48、49

基础教程…p.7

材料与工具

线：DARUMA 小卷 Café Demi/浅粉色（1）…1g、深粉色（4）…1g、黄色（5）…少量

其他：挂绳（6-3-17）…1根，圆环5mm（a-533 古银色）…1个，和麻纳卡 塑料眼4mm（H221-304-1）…1个

针：钩针3/0号

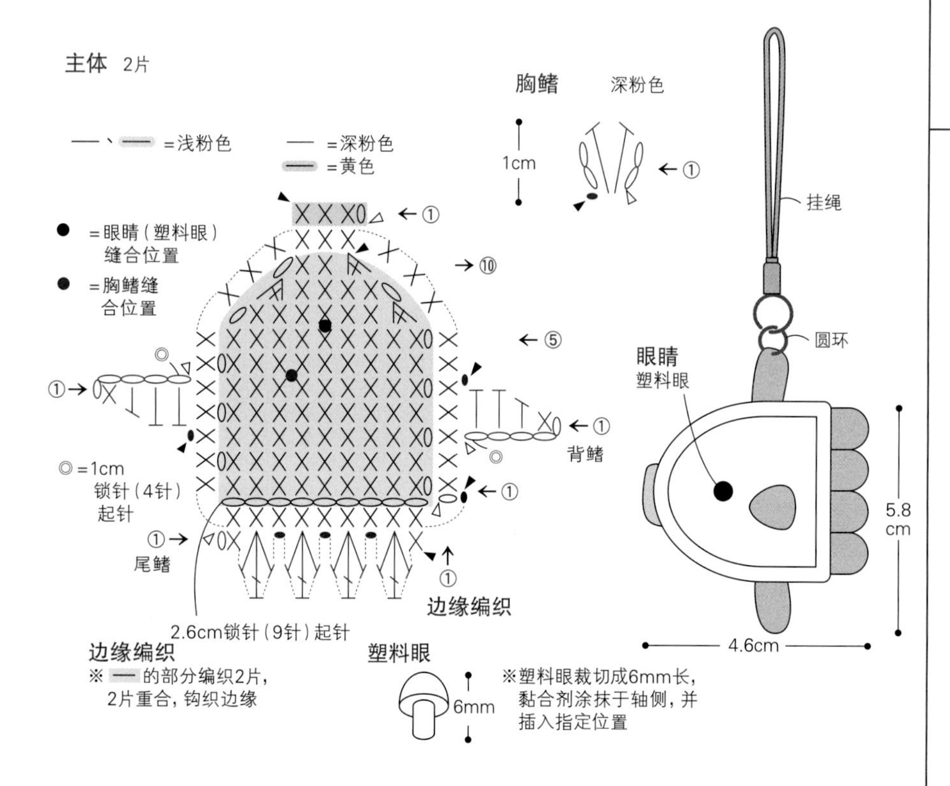

90

图片…p.48

基础教程…p.7

材料与工具

线：DARUMA 小卷 Café Demi/淡蓝色（18）…2g、绿松石色（19）…1g、黄色（5）…少量

其他：和麻纳卡 塑料眼4mm（H221-304-1）…1个

针：钩针3/0号

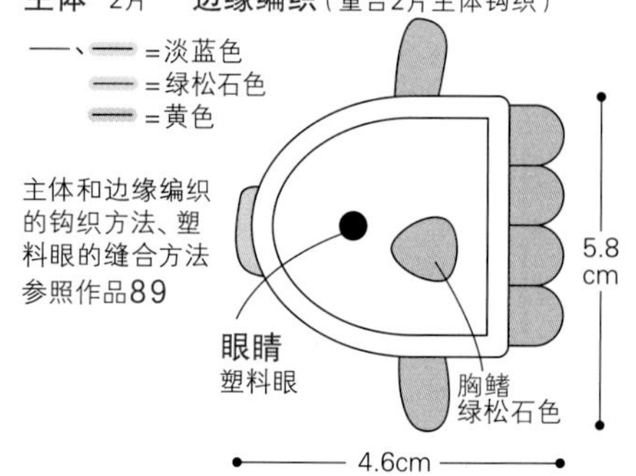

91

图片…p.49

材料与工具

线：DARUMA 小卷 Café Demi/灰色（28）…3g，白色（29）…2g，深粉色（4）、橙色（6）、绿松石色（19）…各少量

其他：挂绳（6-3-18）…1根，圆环（a-533 古银色）…1个，和麻纳卡 塑料眼4mm（H221-304-1）…2个、2mm（H221-302-1）…1个，填充棉…少量，黏合剂

针：钩针3/0号

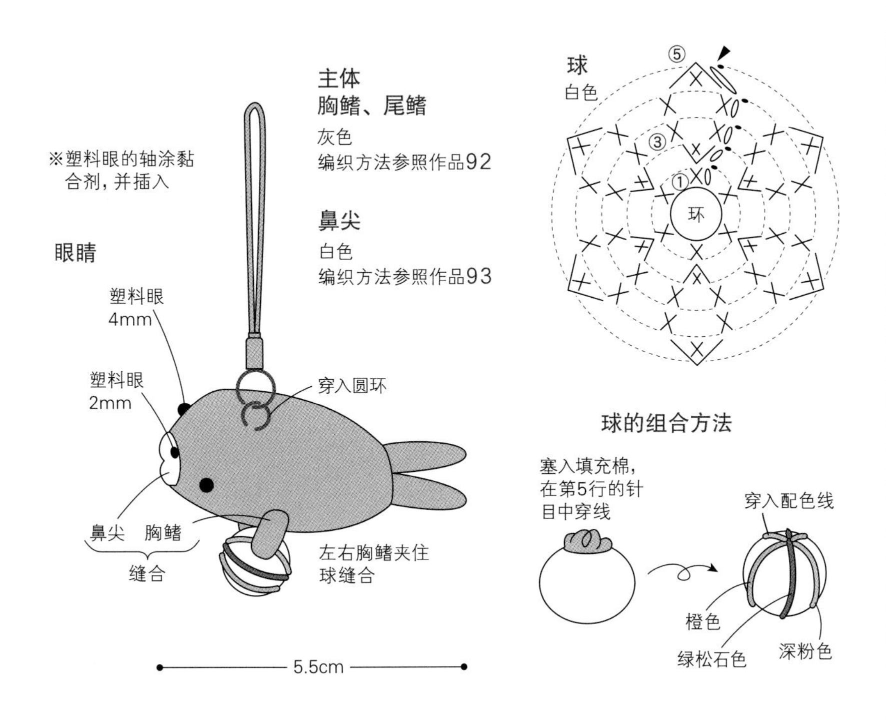

93

图片…p.49

材料与工具

线：DARUMA 小卷 Café demi/原白色（9）…3g、白色（29）…1g

其他：和麻纳卡 塑料眼4mm（H221-304-1）…2个、2mm（H221-302-1）…1个，填充棉…少量，黏合剂

针：钩针3/0号

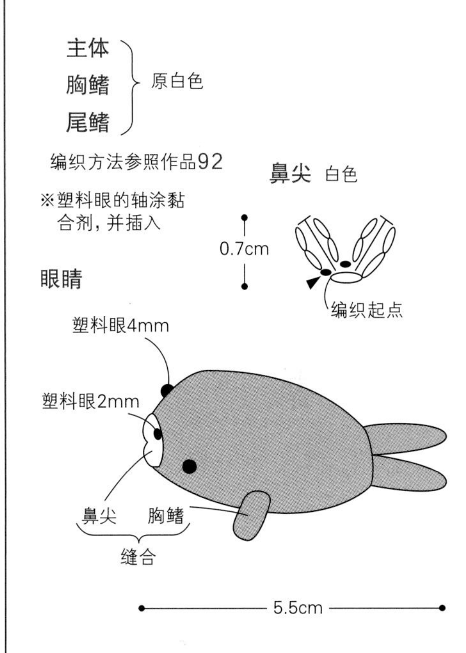

92

图片…p.49

材料与工具

线：DARUMA 小卷 Café Demi/绿松石色（19）…3g、白色（29）…1g

其他：挂绳（6-3-18）…1根，圆环5mm（a-533 古银色）…1个，和麻纳卡 塑料眼4mm（H221-304-1）…2个、2mm（H221-302-1）…1个，填充棉…少量，黏合剂

针：钩针3/0号

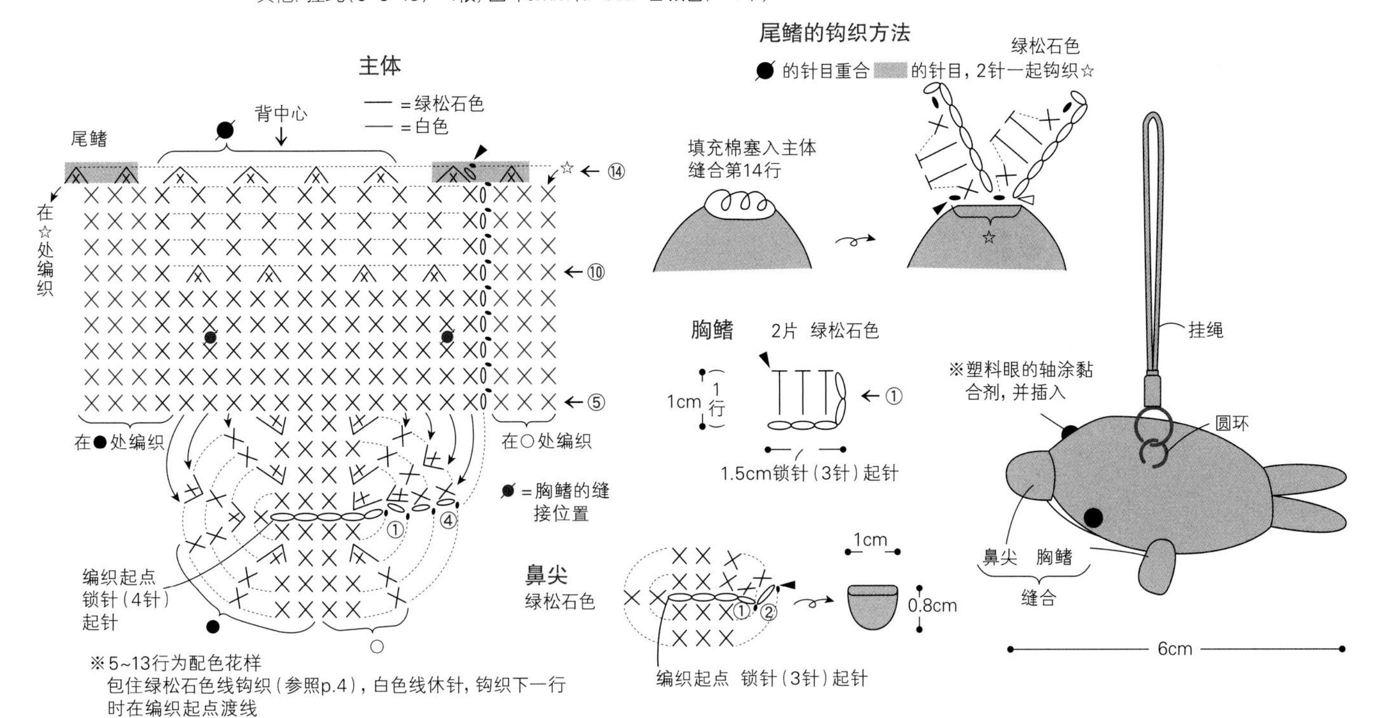

Animal
超人气的小动物

大家都喜欢的可爱小狗和小猫。
还有完美搭配的蝴蝶结和项圈。

编织方法 / 94~96…p.54　97…p.55
设计 / 市川美雪

熊猫、棕熊和小猪，都制作成小尺寸。
放在便当盒上，享受快乐的郊游时光。

编织方法 / p.55
设计 / 市川美雪

94

图片…p.52

材料与工具

线：DARUMA 小卷 Café Demi/浅米色（10）…2g，红色（8）、褐色（12）、白色（29）…各1g

其他：圆环5mm（9-6-5 银色）…1个，和麻纳卡 塑料眼4mm（H221-304-1）…2个，编织鼻（H220-804-2）…1个，填充棉、蕾丝线…各少量，黏合剂

针：钩针3/0号

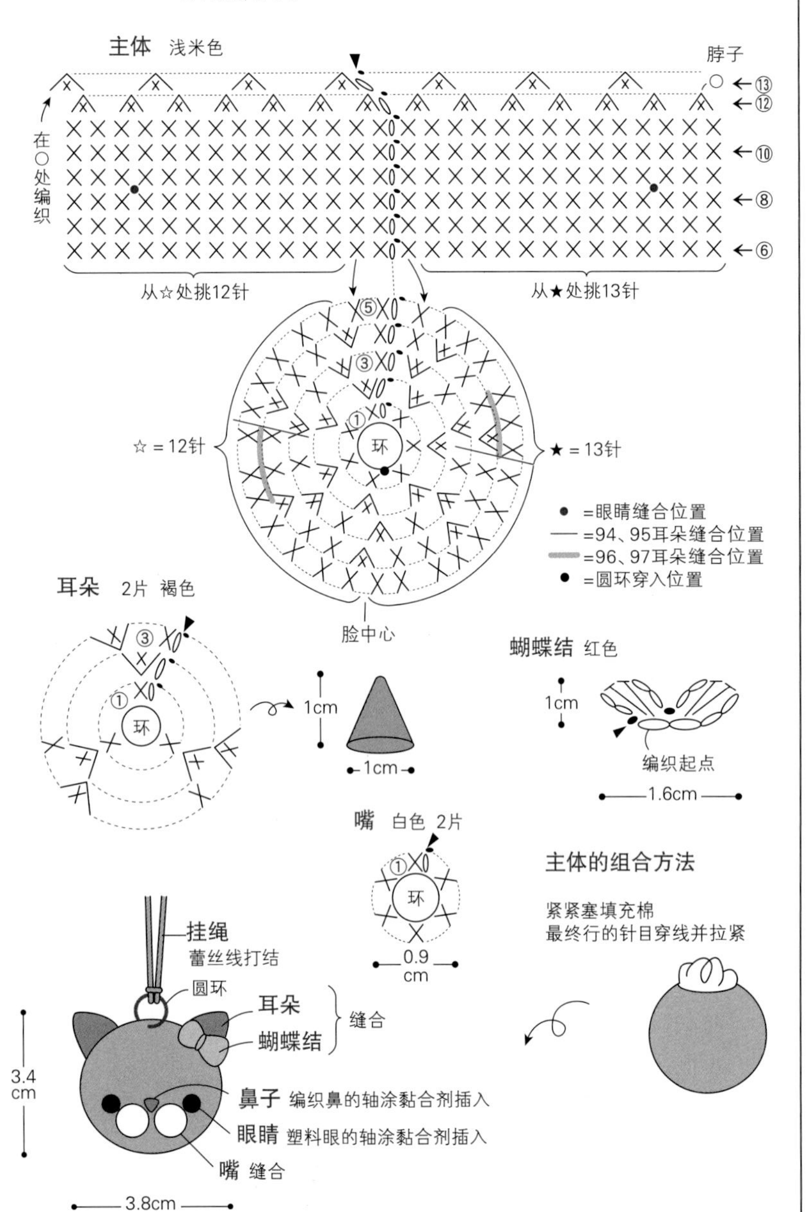

96

图片…p.52

材料与工具

线：DARUMA 小卷 Café Demi/浅褐色（11）…2g，蓝色（20）、深褐色（25）、白色（29）…各1g

其他：圆环5mm（9-6-5 银色）…1个，和麻纳卡 塑料眼4mm（H221-304-1）…2个，编织鼻（H220-804-2）…1个，填充棉、蕾丝线…各少量，黏合剂

针：钩针3/0号

耳朵 2片 深褐色

主体 浅褐色 钩织方法参照作品94

鼻尖 白色

1.6 cm

0.9 cm

0.7 cm

编织起点

项圈 蓝色

编织起点 5cm锁针（12针）起针成环形

1cm

1cm

挂绳

蕾丝线打结

圆环

耳朵 缝合

眼睛 塑料眼的轴涂黏合剂插入

鼻子 编织鼻的轴涂黏合剂插入

鼻尖

项圈

缝合

3.8 cm

4.5cm

95

图片…p.52

材料与工具

线：DARUMA 小卷 Café Demi/原白色（9）…2g，芥末黄色（6）、白色（29）、黑色（30）…各1g

其他：圆环5mm（9-6-5 银色）…1个，和麻纳卡 塑料眼4mm（H221-304-1）…2个，编织鼻（H220-804-2）…1个，填充棉、蕾丝线…各少量，黏合剂

针：钩针3/0号

主体 原白色

耳朵 黑色、芥末黄色 各1片

嘴 白色 2片

钩织方法参照作品94

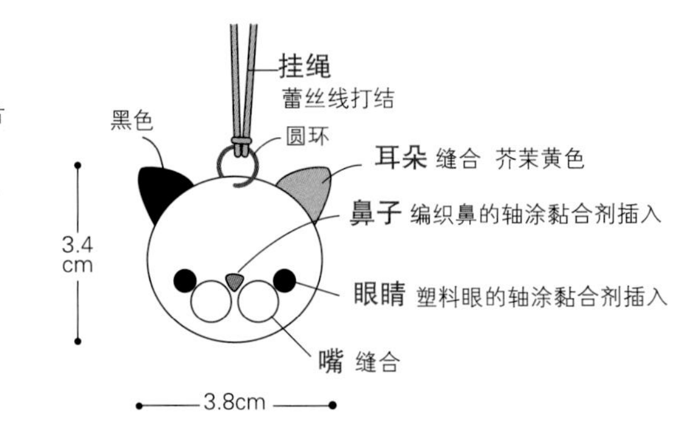

97

图片…p.52

材料与工具

线：DARUMA 小卷 Café Demi/灰色（28）…2g，褐色（12）、白色（29）…各1g

其他：圆环5mm（9-6-5 银色）…1个，和麻纳卡 塑料眼4mm（H221-304-1）…2个，编织鼻（H220-804-2）…1个，填充棉、蕾丝线…各少量，黏合剂

针：钩针3/0号

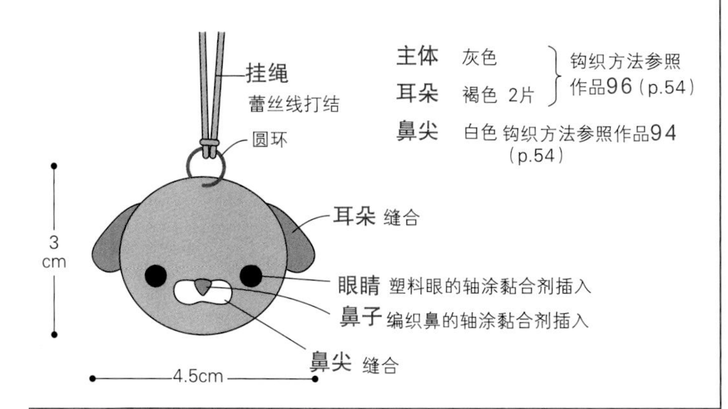

98

图片…p.53

材料与工具

线：DARUMA 小卷 Café Demi/白色（29）…3g，黑色（30）、绿色（14）…各1g

其他：和麻纳卡 塑料眼2mm（H221-302-1）…1个，黏合剂

针：钩针3/0号

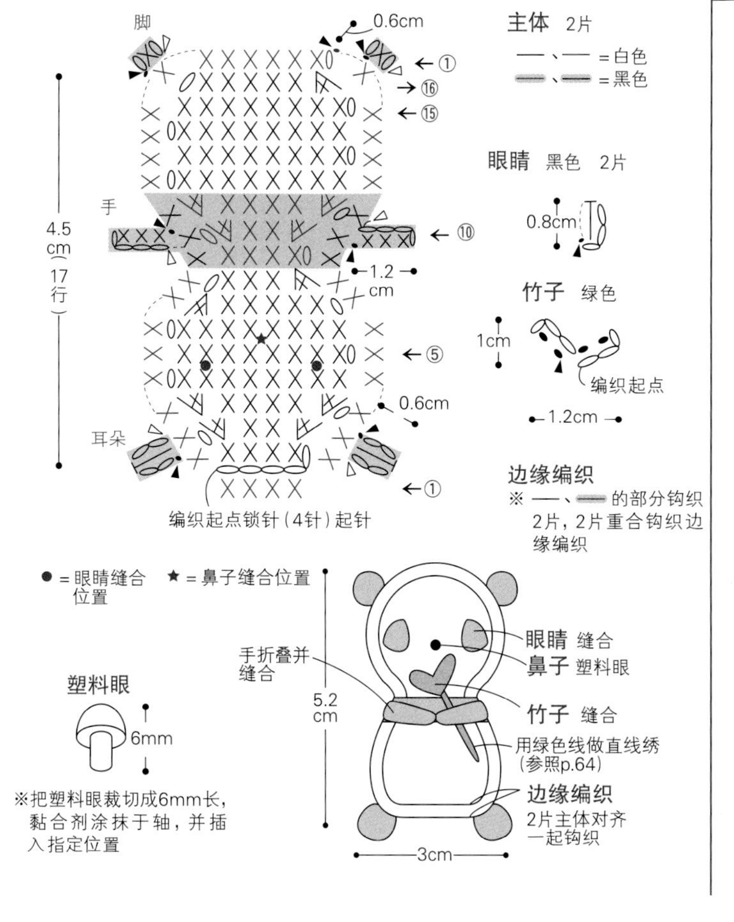

99

图片…p.53

材料与工具

线：DARUMA 小卷 Café Demi/浅褐色（11）…3g，白色（29）、浅蓝色（18）…各1g

其他：和麻纳卡 塑料眼4mm（H221-304-1）…2个、2mm（H221-302-1）…1个，黏合剂

针：钩针3/0号

身体 2片 / 耳朵、手、脚 — 浅褐色，钩织方法参照作品98

鼻尖 白色

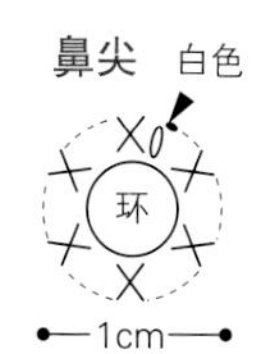

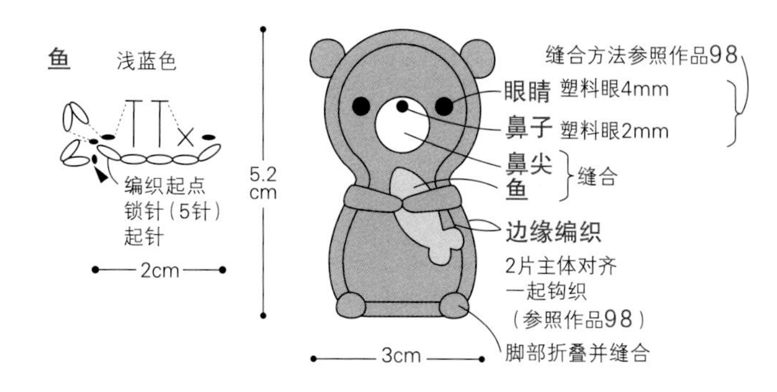

100

图片…p.53

材料与工具

线：DARUMA 小卷 Café Demi/浅粉色（1）…3g、黑色（30）…少量

其他：和麻纳卡 塑料眼4mm（H221-304-1）…2个，黏合剂

针：钩针3/0号

主体 2片 / 手、脚 — 浅粉色，钩织方法参照作品98

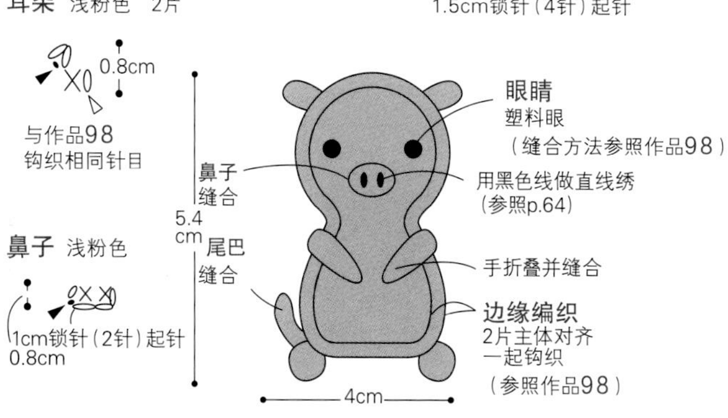

本书使用线材介绍

（图片为实物粗细）

1

2

3

4

5

6

7

8

9

10

11

12

13

14

15

16

17

Olympus

1 Emmy Grande
棉 100%、50g/ 团、约 218cm、47 色、
蕾丝针 0 号 ~ 钩针 2/0 号

2 Emmy Grande（herbs）
棉 100%、20g/ 团、约 88m、18 色、
蕾丝针 0 号 ~ 钩针 2/0 号

3 Emmy Grande（飞白）
棉 100%、25g/ 团、约 109m、5 色、
蕾丝针 0 号 ~ 钩针 2/0 号

4 Emmy Grande（mix）
棉 100%、25g/ 团、约 109m、3 色、
蕾丝针 0 号 ~ 钩针 2/0 号

5 Emmy Grande（colors）
棉 100%、10g/ 团、约 44m、26 色、
蕾丝针 0 号 ~ 钩针 2/0 号

横田株式会社 DARUMA 手编线

6 Supima Crochet
棉（长绒棉）100%、25g/ 团、116m、37 色、
钩针 2/0~3/0 号

7 Supima Crochet Soft
棉（长绒棉）100%、25g/ 团、64m、25 色、
钩针 2/0~4/0 号

8 小巻 Café Demi
腈纶 70%、羊毛 30%，5g/ 团、19m、30 色、
钩针 2/0~3/0 号

9 Wax Cord
棉 100%、6m、7 色

和麻纳卡

10 Flax C
麻（亚麻）82%、棉 18%，25g/ 团、约
104m、15 色、钩针 3/0 号

11 Flax K
麻（亚麻）78%、棉 22%，25g/ 团、约
62m、15 色、钩针 5/0 号

12 Flax S
麻（亚麻）69%、棉 31%，25g/ 团、约 70m、
9 色、钩针 5/0 号

13 Wash Cotton（Crochet）
棉 64% 、涤纶 36%，25g/ 团、约 104m、
27 色、钩针 3/0 号

14 TiTi Crochet
棉（埃及棉）100%、40g/ 团、约 170m、24
色、钩针 2/0~3/0 号

15 Aprico
棉（超长棉）100%、30g/ 团、约 120m、24
色、钩针 3/0~4/0 号

16 Floral Wreath
非指定纤维（和纸）100%、25g/ 团、约
110m、12 色、钩针 3/0 号

17 Rosee
棉 76% 、尼龙 16%、涤纶 8%，25g/ 团、约
92m、8 色、钩针 4/0 号

※1~17 从左开始分别为，含量→规格→线长→色数→适用针
部分色号的含量有所差异。
※ 印刷刊物，可能有少许色差。

材料（线以外）的介绍

圆环
用于连接各织片或零件。对照挂绳等的颜色及大小选择。

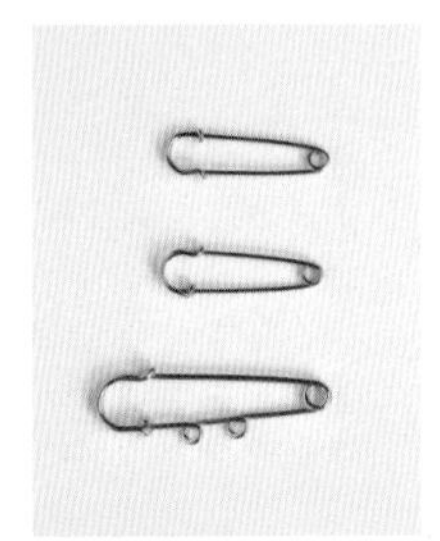

挂绳或钥匙链等，选择自己喜欢的设计。

使用别针、橡皮筋、发卡等，制作成时尚装饰。

16

图片…p.13
重点教程…p.5

材料与工具
线：Olympus Emmy Grande（herbs）/红色（190）…6g、粉红色（119）…3g，Emmy Grande（colors）/绿色（265）…少量，Emmy Grande/米色（810）…1g
其他：填充棉…少量
针：钩针2/0号

主体 a＝粉红色 b＝米色 c＝红色
※各第1行分别挑起起针的上半针和里山开始钩织

2cm（7行）
编织起点
a＝15.5cm 锁针（40针）
b＝12.5cm 锁针（35针）
c＝15.5cm 锁针（40针）
起针

缝合线
缝合b和c时＝粉红色
缝合a和b时＝米色

樱桃 红色

樱桃的组合方法
塞入填充棉，线在最终行穿过并拉紧
1.3cm
0.8cm
穿入绿色线，在前端打结
结头

叶子 绿色
0.8cm
编织起点 锁针（7针）起针
2cm

5cm
叶子
樱桃
缝在中央
缝合主体a、b、c，卷起制作成形（参照p.5）
3cm

17

图片…p.13
重点教程…p.5

材料与工具
线：Olympus Emmy Grande（herbs）/浅粉红色（141）…6g、浅黄色（560）…3g、米色（814）…少量，Emmy Grande（colors）/黄绿色（229）…少量，Emmy Grande/原白色（804）…1g、深紫色（676）…少量
针：钩针2/0号

缝合线
缝合b和c时＝浅黄色
缝合a和b时＝原白色

主体
a＝浅黄色
b＝原白色
c＝浅粉红色
钩织方法参照作品16

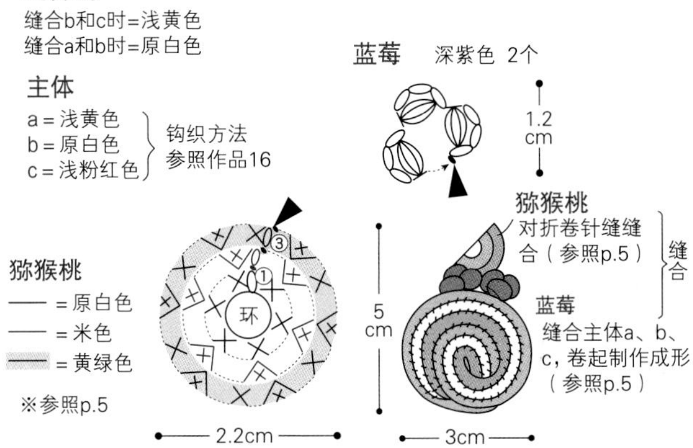

18

图片…p.13

材料与工具
线：Olympus Emmy Grande/深米色（736）、浅橙色（161）、白色（801）…各2g，Emmy Grande（herbs）/橙色（171）…2g、红色（190）…少量，Emmy Grande（colors）/绿色（265）…少量
其他：硬纸板（直径2.5cm）…1片，双面胶带…适量，填充棉…少量
针：钩针2/0号

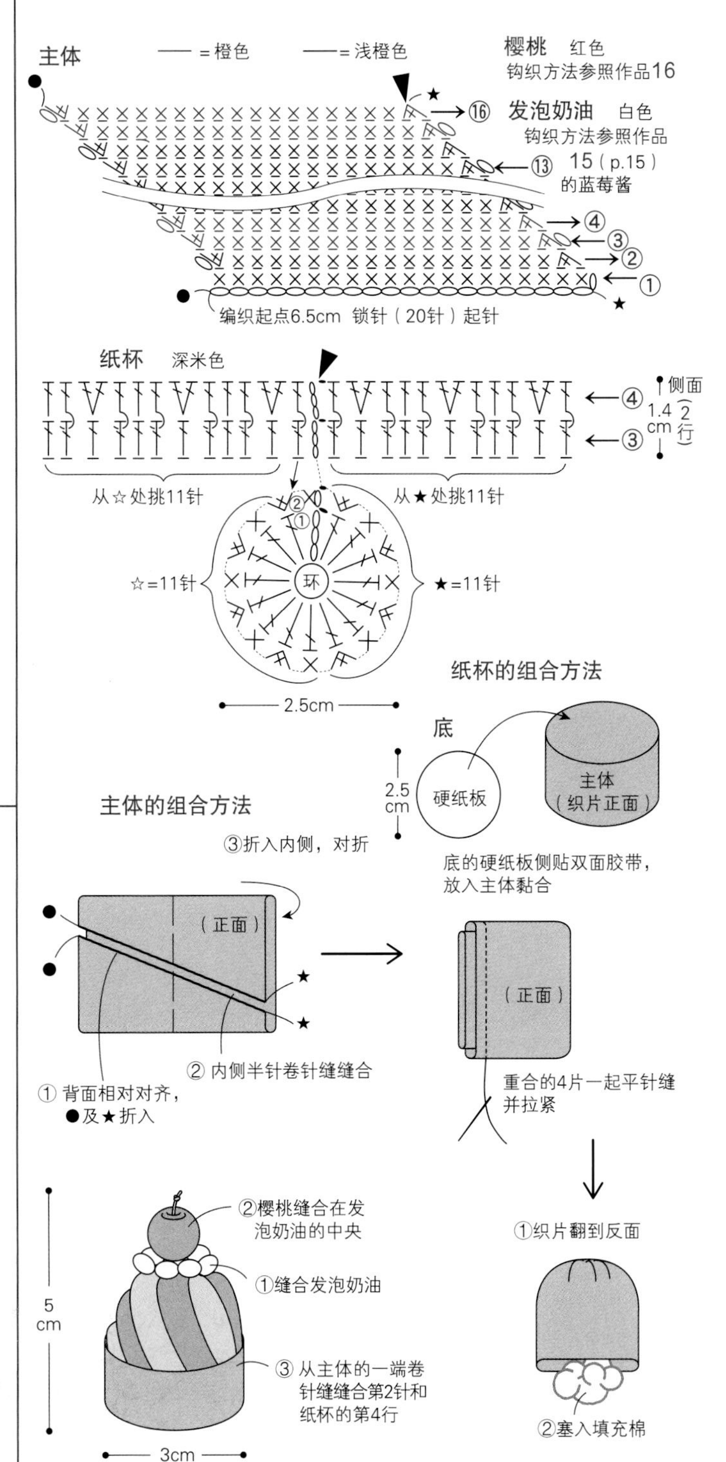

28

图片…p.17

材料与工具
线：Olympus　Emmy Grande（herbs）/粉红色（119）…5g，Emmy Grande/绿色（238）…1g
其他：钥匙链（6-10-19　银色）…1根，圆环5mm（9-6-5　银色）…1个
针：钩针2/0号

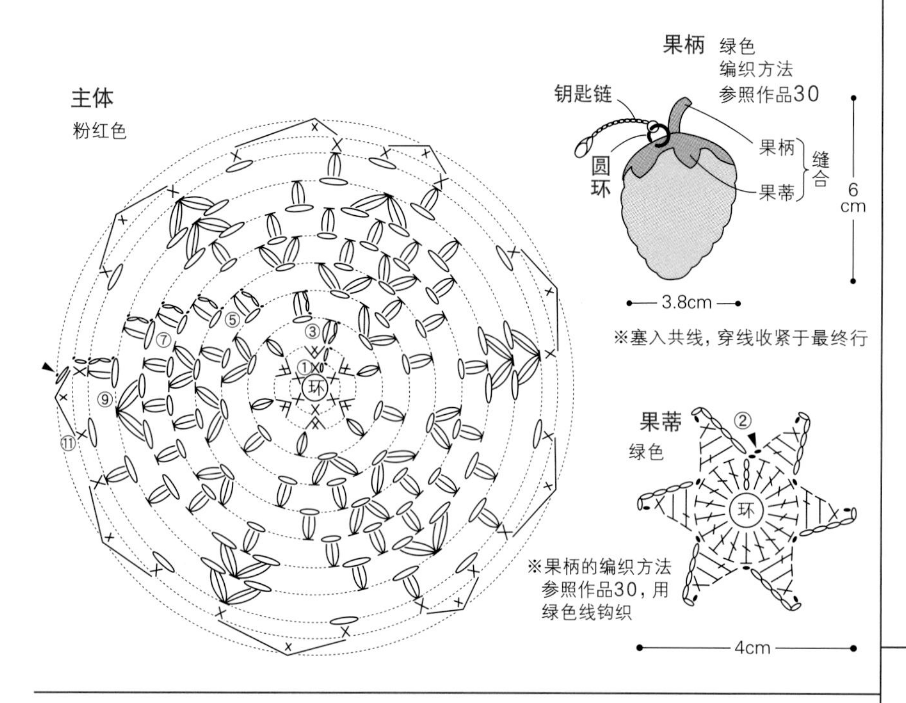

19

作品…p.13

材料与工具
线：Olympus　Emmy Grande/薄荷绿色（261）…2g，深米色（736）、白色（801）…各1g；Emmy Grande（colors）/橙色（555）…1g，黄绿色（229）…少量；Emmy Grande（herbs）/褐色（745）…2g
其他：填充棉…少量，硬纸板（直径2.5cm）…1片，双面胶带…适量
针：钩针2/0号

主体 —— = 薄荷绿色　—— = 褐色
纸杯　深米色
（编织方法参照作品18（p.57））
发泡奶油　白色　编织方法参照作品15（p.15）的蓝莓酱
叶子　黄绿色　编织方法参照作品16（p.57）

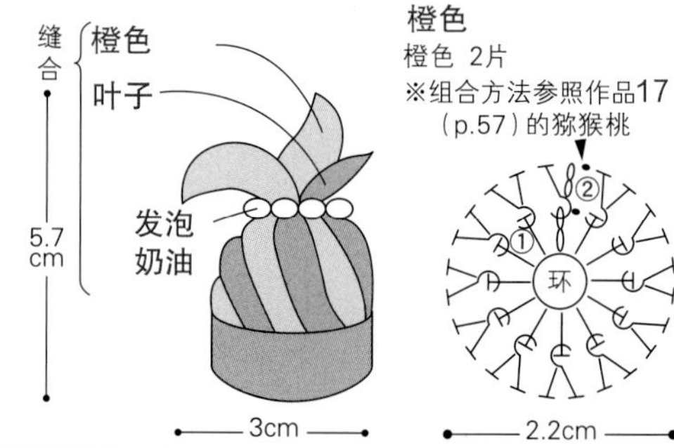

30

图片…p.17

材料与工具
线：Olympus　Emmy Grande/暗红色（192）…4g、绿色（238）…少量，Emmy Grande（herbs）/深褐色（777）…少量
其他：填充棉…少量
针：钩针2/0号

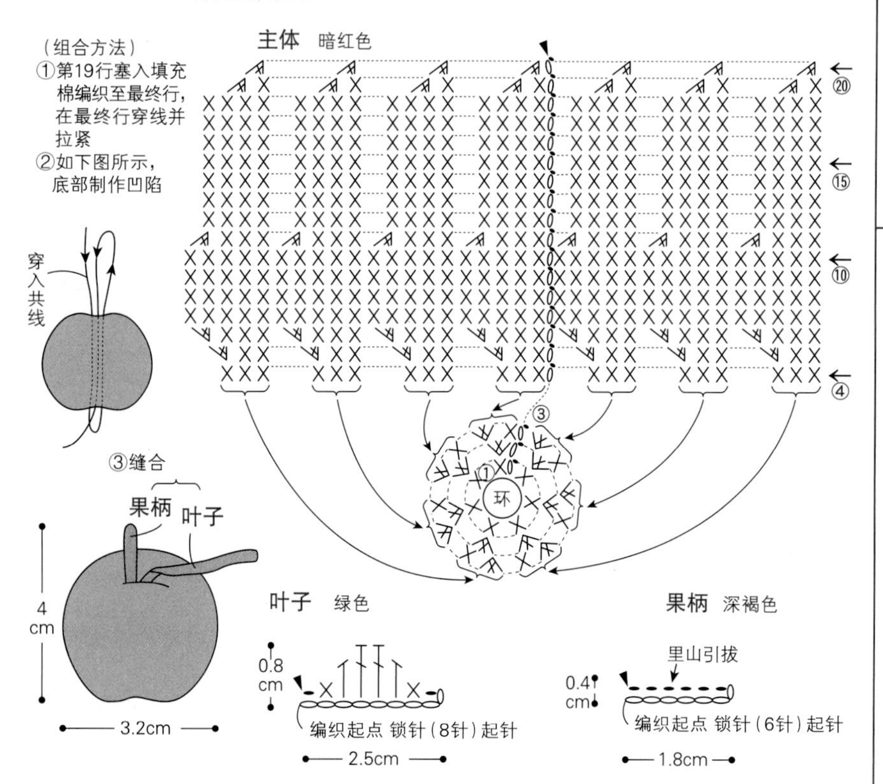

29

作品…p.17

材料与工具
线：Olympus　Emmy Grande/暗红色（192）…5g、绿色（238）…1g
针：钩针2/0号

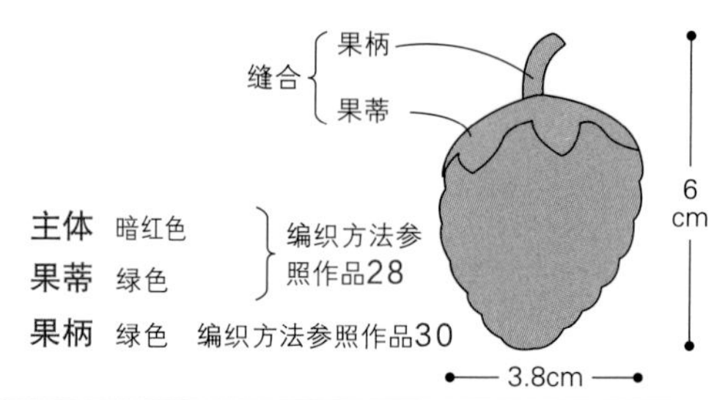

31

作品…p.17

材料与工具
线：Olympus　Emmy Grande（mix）/淡蓝色、黄色、黄绿色混色（M2）…4g，Emmy Grande（herbs）/深褐色（777）…少量，Emmy Grande/绿色（238）…少量
其他：钥匙链（6-10-19　银色）…1个，圆环5mm（9-6-5　银色）…1个
针：钩针2/0号

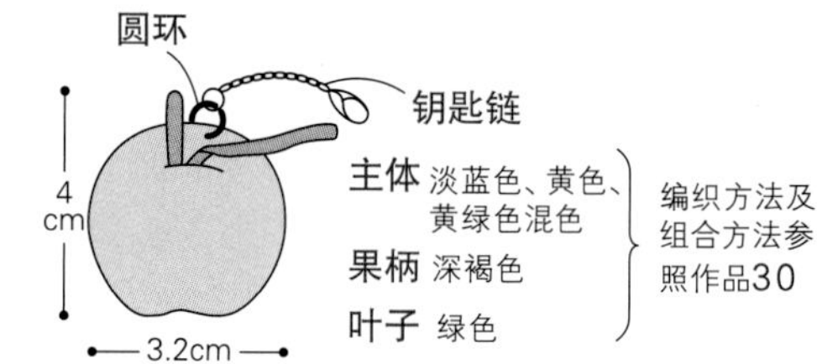

54

图片…p.29

材料与工具

线：和麻纳卡 Wash Cotton（Crochet）/米色（103）…1.5g、胭脂红色（116）…1g

针：钩针3/0号

主体 —— =米色 —— =胭脂红色

※袜跟的第2行用胭脂红色线钩织

编织方法参照作品53（p.30）

2.3 cm　1.5 cm　2.5 cm

55

图片…p.29

材料与工具

线：和麻纳卡 Wash Cotton（Crochet）/米色（103）…1.5g、粉红色（115）…1g

针：钩针3/0号

主体 —— =米色 —— =粉红色

※袜跟的第2行用粉红色线钩织

编织方法参照作品53（p.30）

2.3 cm　1.5 cm　2.5 cm

56

图片…p.29

材料与工具

线：和麻纳卡 Wash Cotton（Crochet）/米色（103）…1.5g、黄色（104）…1g

针：钩针3/0号

主体 —— =米色 —— =黄色

※袜跟的第2行用黄色线钩织

编织方法参照作品53（p.30）

2.3 cm　1.5 cm　2.5 cm

57

图片…p.29

材料与工具

线：和麻纳卡 Wash Cotton（Crochet）/米色（103）…1.5g、蓝色（110）…1g

其他：别针（6-14-1 金色）…1个、蕾丝线…少量

针：钩针3/0号

别针　2 cm　穿入蕾丝线打结

主体 —— =米色 —— =蓝色

※袜跟的第2行用蓝色线钩织

编织方法参照作品53（p.30）

2.3 cm　1.5 cm　2.5 cm

83

图片…p.45

材料与工具

线：Olympus Emmy Grande（colors）/红色（188）、绿色（265）…各1g，黑色（901）…少量

其他：填充棉…少量

针：钩针2/0号

主体

—— =红色

—— =黑色

⑩ ⑤ ① 环

斑点 黑色劈线（1/2根）7个

环

缝在主体上

0.5cm

叶子 绿色

3 cm　③ ①　编织起点锁针（11针）起针　茎　第2行锁针（4针）起针

5cm

塞入填充棉第10行的后面半针的线头收紧

缝合斑点

2.5 cm

用黑色的劈线（1/2根）做直线绣（参照p.64）

2 cm

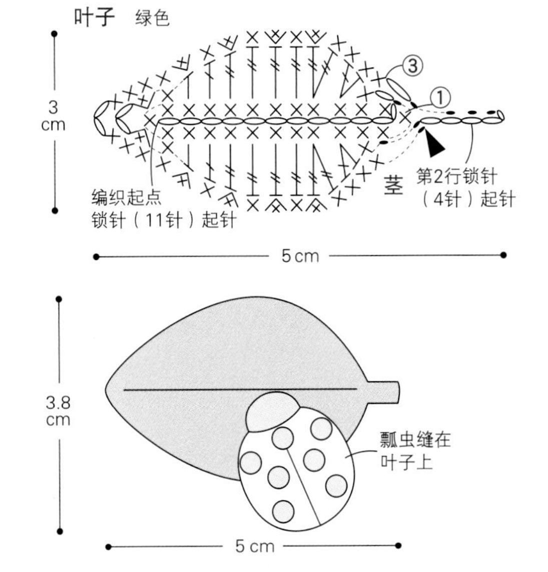

钩针编织的基础

符号图的看法

符号图均以正面所看到的标记和日本工业规格（JIS）为标准。
钩针编织中不分上、下针（上拉针除外），即使是交互对着正、反面进行钩织的平针，符号标记也是一样。

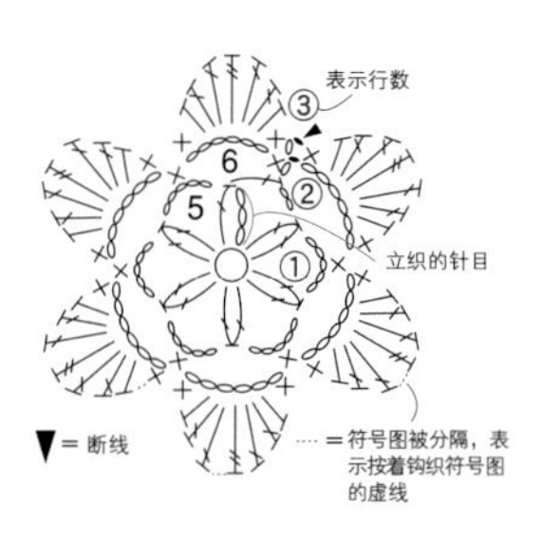

从中心编织成圆形

中心编织圆环（或锁针），每一圈都按环形编织。在各行的起始处立织锁针。基本上，看向织片的正面，按符号图从右至左编织。

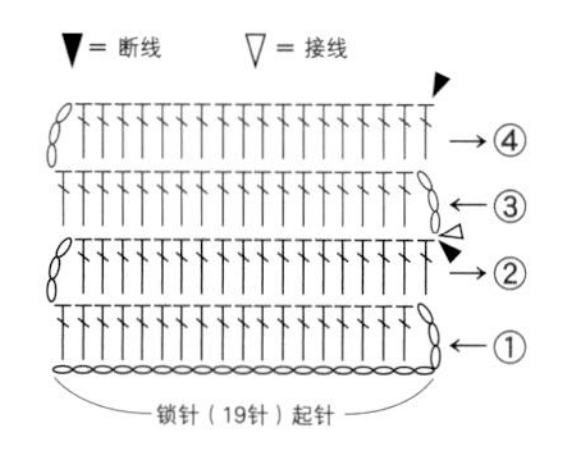

平针编织时

左右均有立织针目为特征，右侧立织针目时看向织片正面，按符号图从右至左编织。左侧立织针目时看向织片反面，按符号图从左至右编织。图为第3行换了配色线的符号图。

锁针的看法

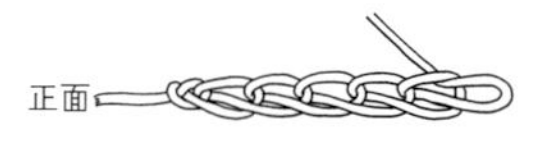

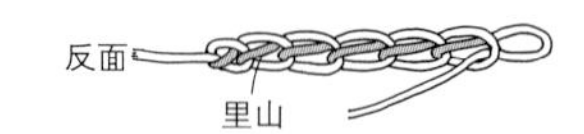

锁针分为正、反面。反面中央的1根线称为锁针的"里山"。

线和针的拿法

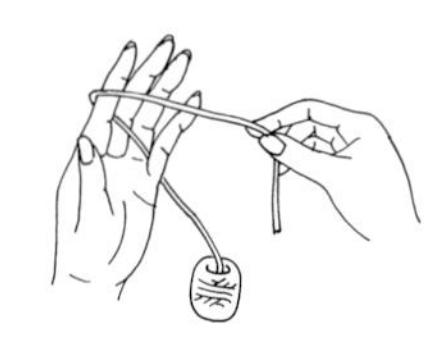

1 将线从左手小指和无名指之间拉出至前面，挂在左手食指上，线头拉至前面。

2 用左手拇指和中指捏住线头，抬起食指撑起线。

3 右手拇指和食指握着钩针，中指轻轻贴着针头。

起针的方法

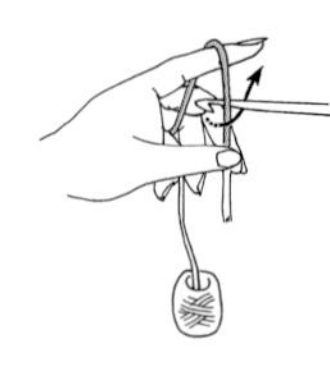

1 将钩针放在线后面，如箭头所示，转动钩针挂线。

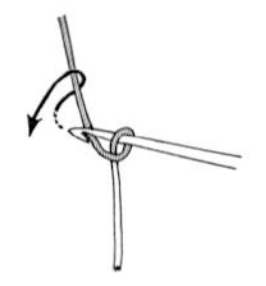

2 钩针再次挂线。

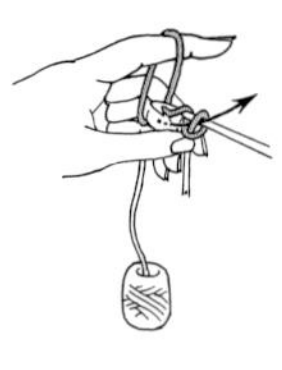

3 穿过线圈，将线拉出至前面。

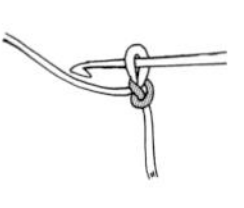

4 拉出线头、拉紧线圈，最初的起针完成（此针不能算作第1针）。

起针

从中心编织成环形（用线头做中心）

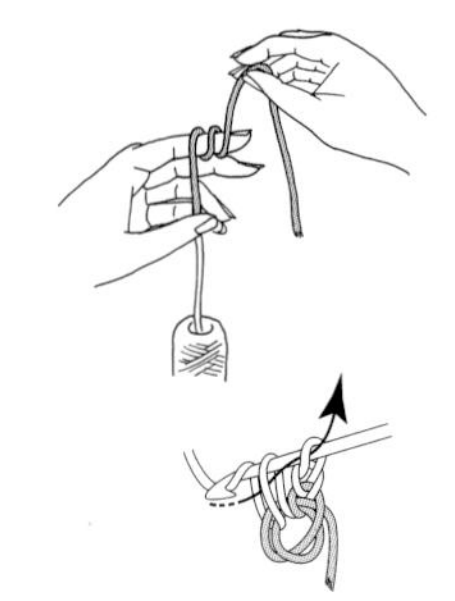

1 将线在左手食指上绕2圈。

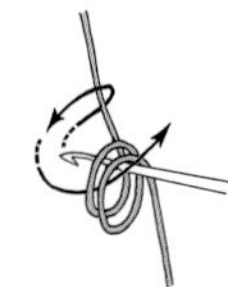

2 抽出手指，钩针插入线圈中，挂线，并拉至前面。

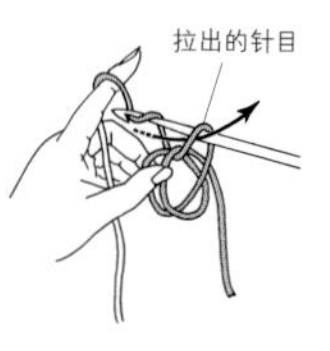

3 钩针再次挂线拉出，立织1针锁针。

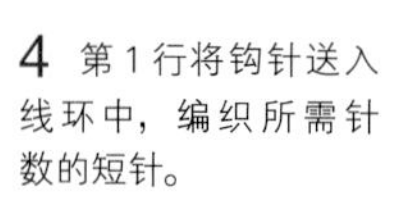

4 第1行将钩针送入线环中，编织所需针数的短针。

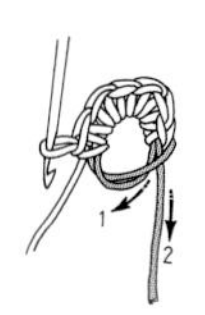

5 暂时将针抽出，拉住最初的线1及线头2，收紧线圈。

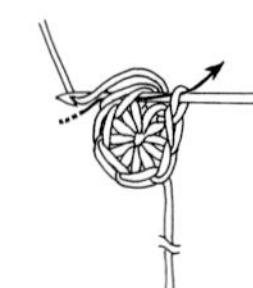

6 钩至第1圈的终点处，在最初的短针头部插入钩针后引拔。

从中心编织成环形（锁针环形起针）

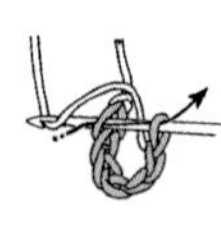

1 编织所需针数的锁针，入针在最初锁针的半针中入针，并引拔。

2 钩针挂线并拉出，钩织立织的锁针。

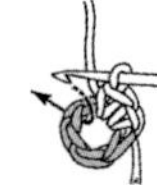

3 钩织第1圈时，将钩针插入线环中，整段挑起锁针，钩织所需针数的短针。

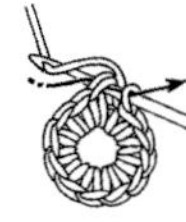

4 在第1圈的终点处，在最初的短针的头部插入钩针后并引拔。

平针编织时

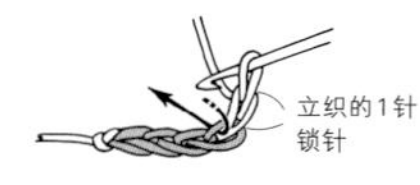

1 钩织所需针数的锁针及立织的锁针，在靠近钩针一端的第2针锁针处入针，挂线拉出。

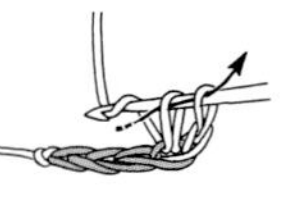

2 钩针挂线，如箭头所示，拉出线。

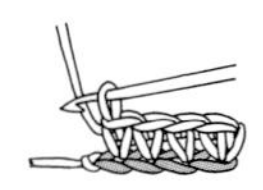

3 第1行编织完成（立织的1针锁针不计入针数）。

上一行针目的挑针方法

即使是相同的枣形针，挑针的方法也会因符号图的不同而不同。符号图下方闭合时在上一行的1针中入针钩织，符号图下方打开时，表示整段挑取上一行的锁针钩织。

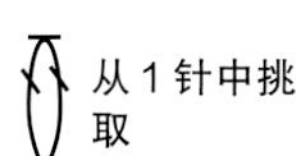

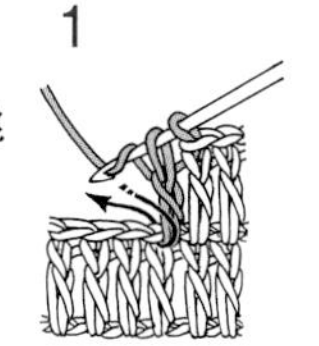

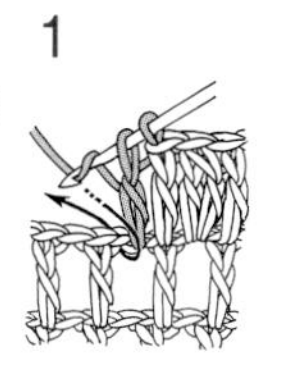

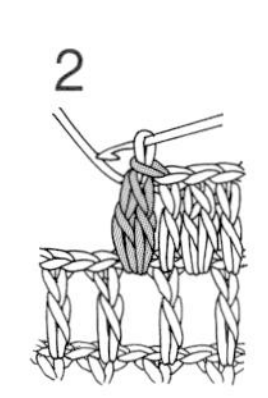

针法符号

锁针

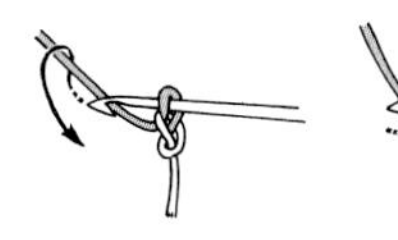

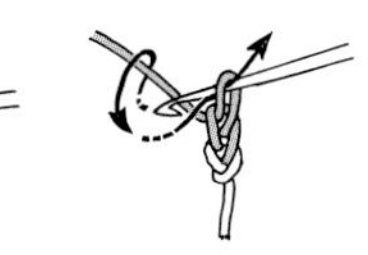

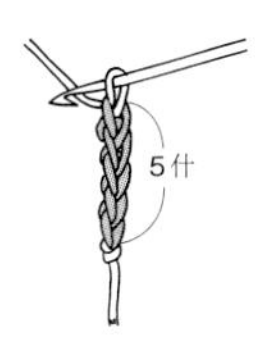

1 钩织最初的针目，钩针挂线。

2 将线拉出，完成锁针。

3 用同样方法重复步骤1、2。

4 完成5针锁针。

引拔针

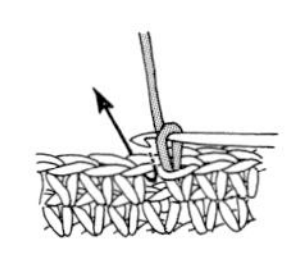

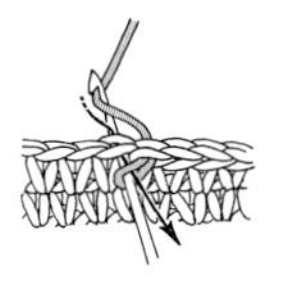

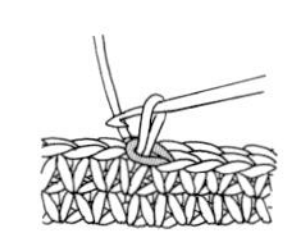

1 将钩针插入上一行的针目。

2 钩针挂线。

3 线一并引拔出。

4 完成1针引拔针。

短针

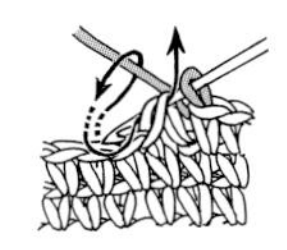

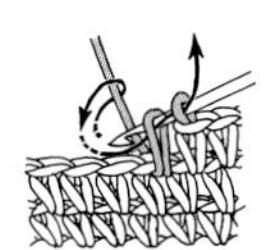

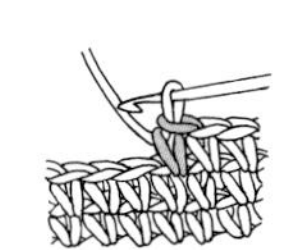

1 将钩针插入上一行的针目。

2 钩针挂线，线圈拉至前面。

3 钩针再次挂线，从2个线圈中一并引拔出。

4 完成1针短针。

中长针

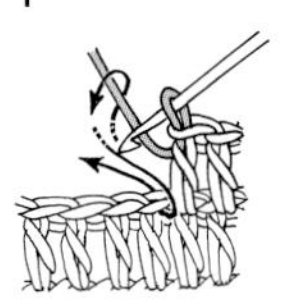

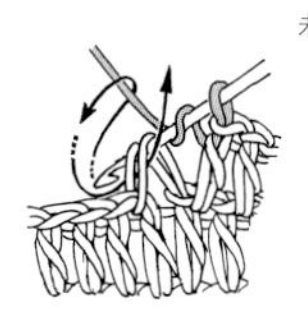

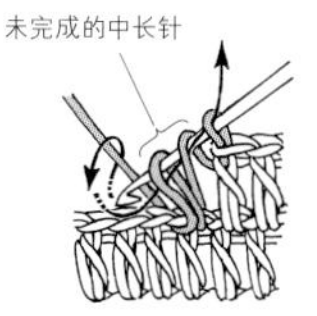

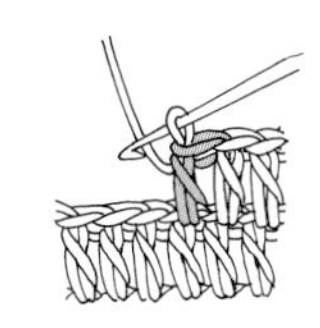

1 钩针挂线，将钩针插入上一行的针目。

2 钩针再次挂线，拉出至前面。

3 钩针挂线，从3个线圈中一并引拔出。

4 完成1针中长针。

长针

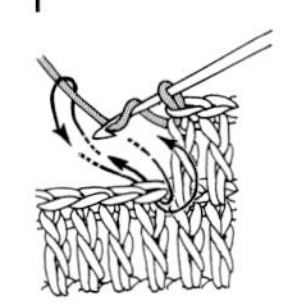

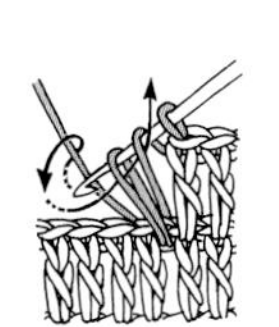

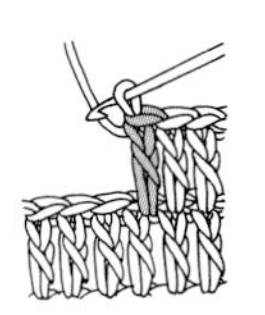

1 钩针挂线，在上一行针目中入针，再次挂线将线拉出至前面。

2 如箭头所示，钩针挂线，从2个线圈中引拔出（此状态为"未完成的长针"）。

3 钩针再次挂线，如箭头所示，从余下的2个线圈中引拔出。

4 完成1针长针。

长长针

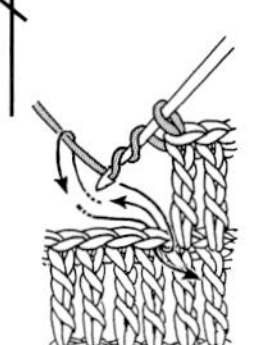

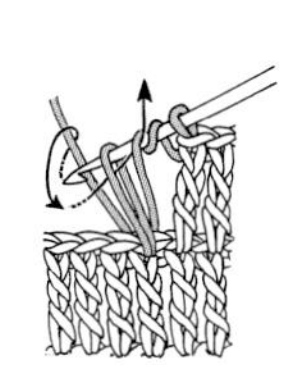

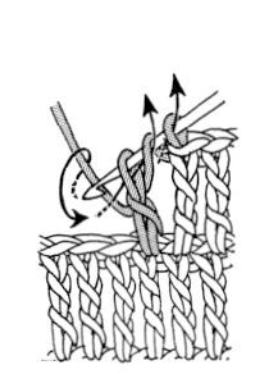

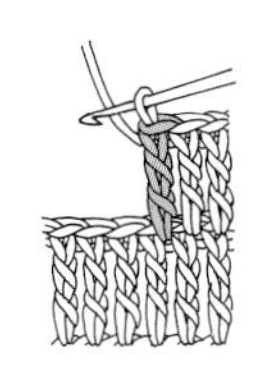

1 钩针挂2次线（3圈）后，在上一行插入钩针，挂线后将线拉出至前面。

2 如箭头所示，钩针挂线，从2个线圈中引拔出。

3 同步骤2的方法重复2次。这个状态叫作未完成的长长针。

4 完成1针长长针。

2针短针并1针

1 如箭头所示，在上一行的针目中入针，拉出线圈。

2 下个针目，用同样方法拉出线圈。

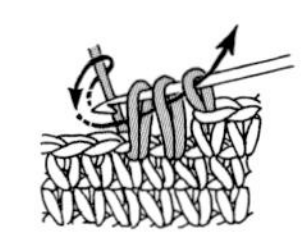

3 钩针挂线，从3个线圈中一并引拔出。

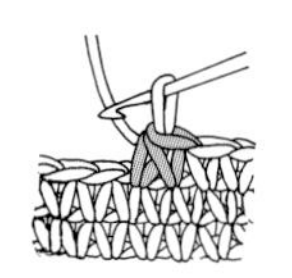

4 完成2针短针并1针。比上一行减少1针。

1针放2针短针

1 钩织1针短针。

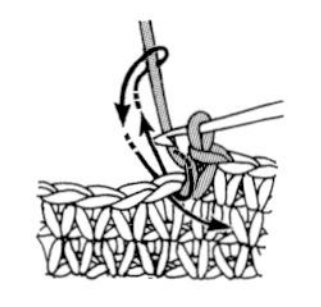

2 在同一针目中再次入针，线拉出至前面。

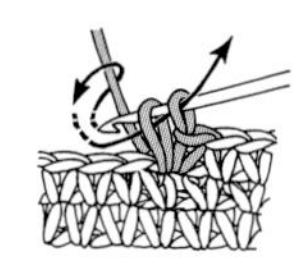

3 钩针挂线，如箭头所示，一并引拔出。

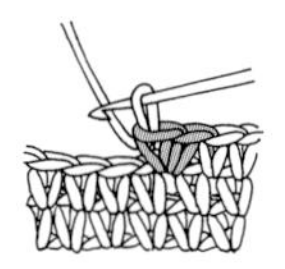

4 完成1针放2针短针。比上一行增加1针。

1针放3针短针

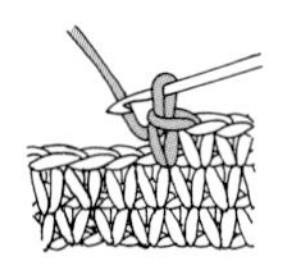

1 钩织1针短针。

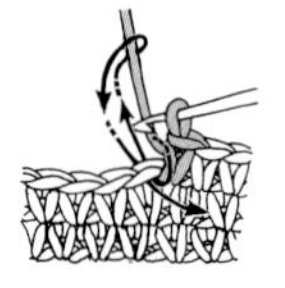

2 在相同针目中钩织1针短针。

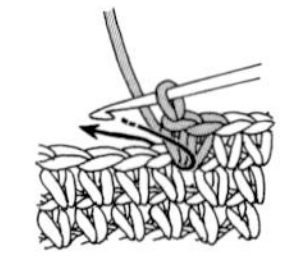

3 完成1针放2针短针。在相同针目再钩织1针短针。

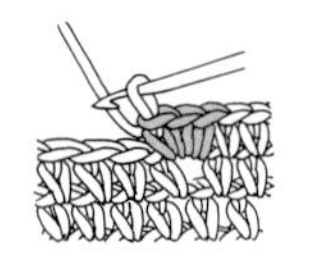

4 完成1针放3针短针。比上一行增加2针。

3针锁针的狗牙拉针

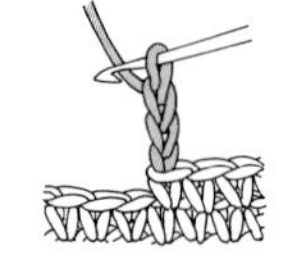

1 钩织3针锁针。

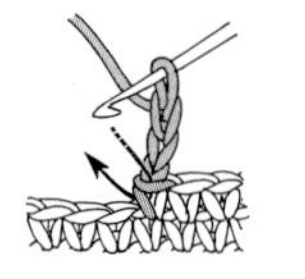

2 在短针的头部半针和根部的1根线中入针。

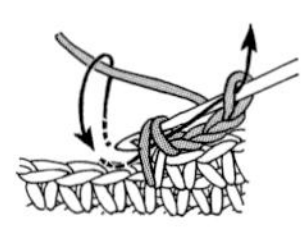

3 钩针挂线，如箭头所示一并引拔出。

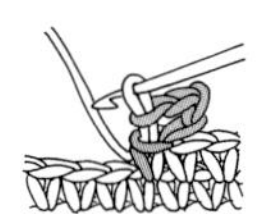

4 完成3针锁针的狗牙拉针。

2针长针并1针

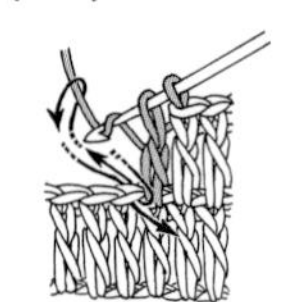

1 在上一行的1针中钩织长针，如箭头所示将钩针插入下一针，将线拉出。

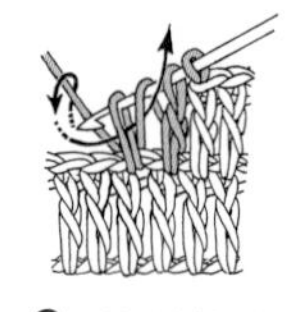

2 钩针挂线，从2个线圈中引拔出，钩织2针未完成的长针。

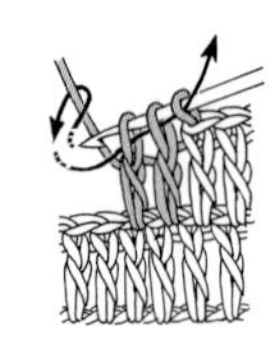

3 钩针挂线，如箭头所示，从3个线圈中引拔出。

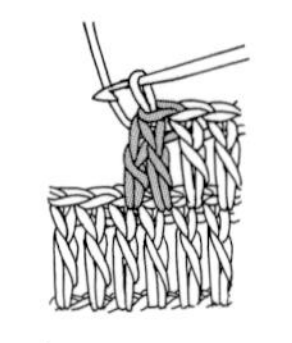

4 完成长针2针并1针。比上一行减少1针。

1针放2针长针

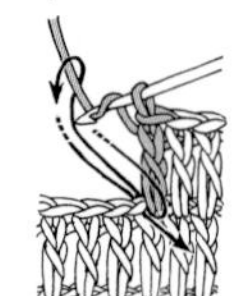

1 在钩织1针长针的同一针目中，再钩织1针长针。

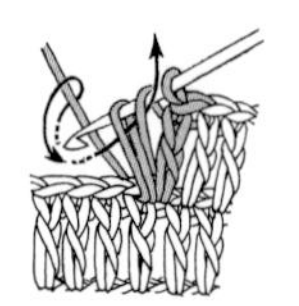

2 钩针挂线，从2个线圈中引拔出。

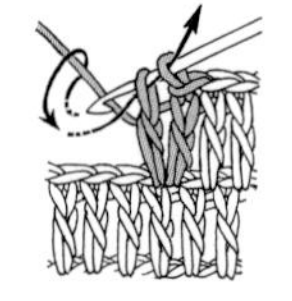

3 钩针再次挂线，从剩余的2个线圈中引拔出。

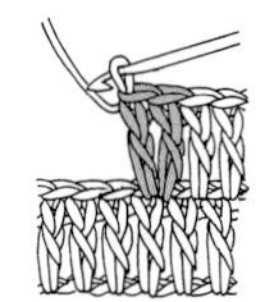

4 完成1针放2针长针。比上一行增加1针。

短针的棱针

※ 改变每行织片方向，钩织短针的棱针

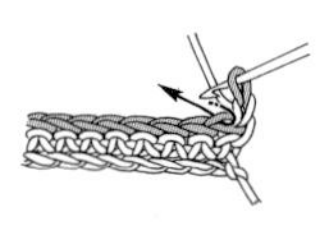

1 如箭头所示，在上一行针目的后面半针中入针。

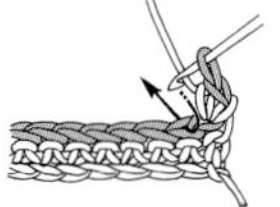

2 钩织短针，下一针目同样在后面半针中入针。

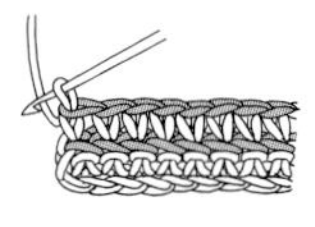

3 钩织至边端，改变织片方向。

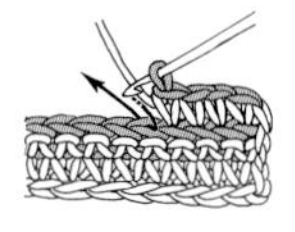

4 同步骤1、2，在后面半针中入针，钩织短针。

短针的条纹针

※ 每行相同方向钩织，钩织短针的条纹针

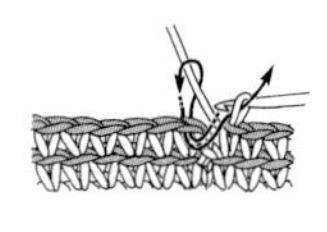

1 看着每行正面钩织。扭转钩织短针，引拔至最初的针目。

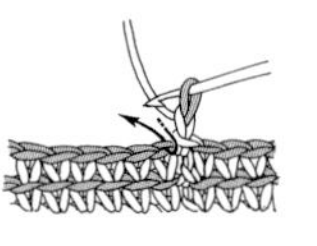

2 主织1针锁针，在上一行后面半针入针，钩织短针。

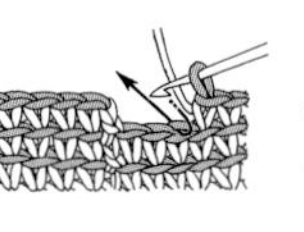

3 同样，按照步骤2的要领，继续钩织短针。

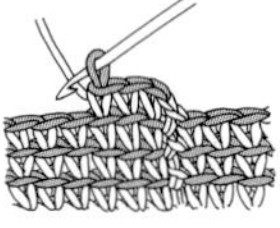

4 上一行的前面半针呈现条纹状。完成第3行短针的条纹针。

3针长针的枣形针

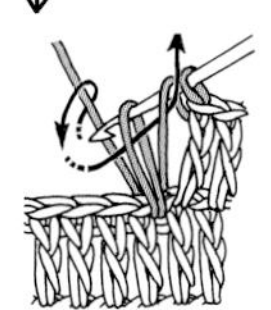
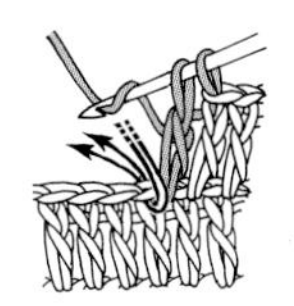
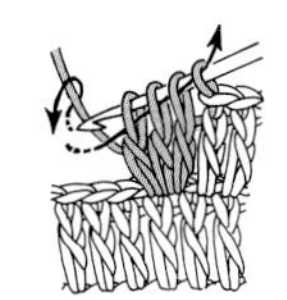
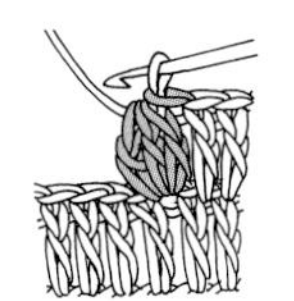

1 在上一行的针目中钩织1针未完成的长针(参照p.61)。

2 在相同针目中入针，接着钩织2针未完成的长针。

3 钩针挂线，从钩针上的4个线圈中一并引拔出。

4 完成3针长针的枣形针。

变形的3针中长针的枣形针

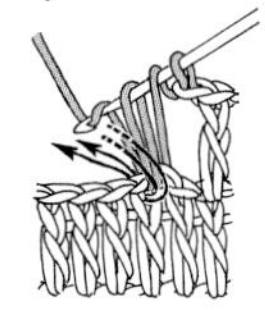
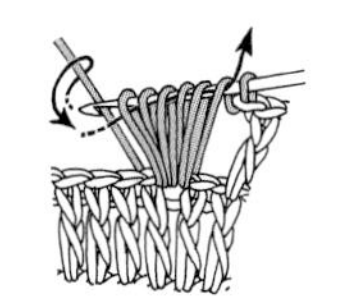
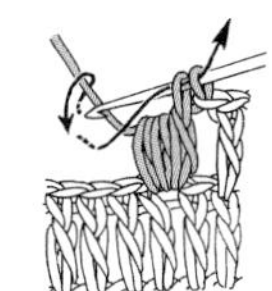

1 在上一行的针目中入针，钩织3针未完成的中长针(参照p.61)。

2 钩针挂线，从6个线圈中引拔出。

3 钩针再次挂线，从剩余的2个线圈中引拔出。

4 完成变形的3针中长针的枣形针。

5针长针的爆米花针

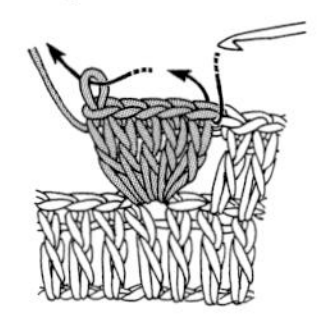
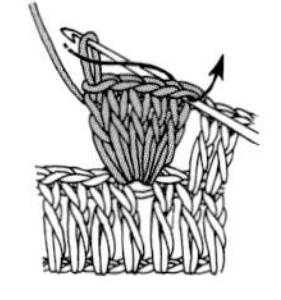
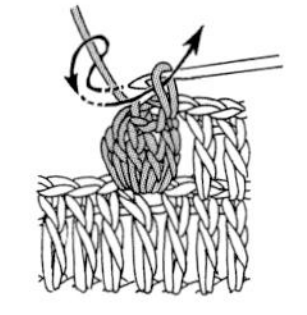
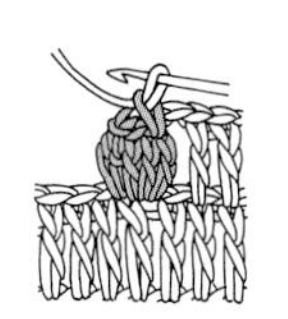

1 在上一行同一针目中钩织5针长针，然后取下钩针，如箭头所示重新插入。

2 如箭头所示，直接将线圈引拔至前面。

3 再钩织1针锁针，拉紧。

4 完成5针长针的爆米花针。

短针的正拉针

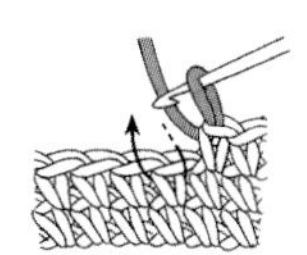
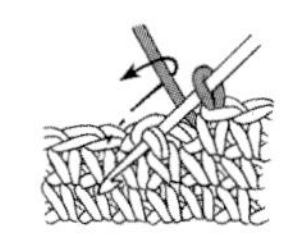
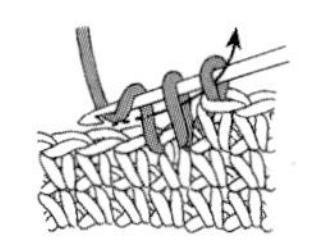
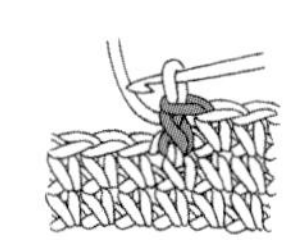

1 如箭头所示，在上一行的短针的根部入针。

2 钩针挂线，拉出比短针稍长的线。

3 钩针再次挂线，从2个线圈中一并引拔。

4 完成短针的正拉针。

长针的正拉针

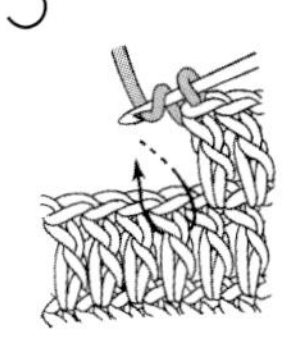
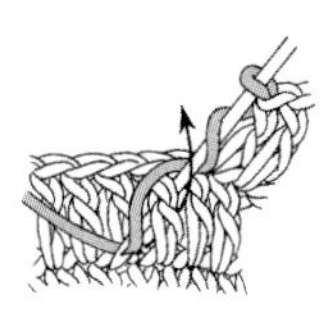
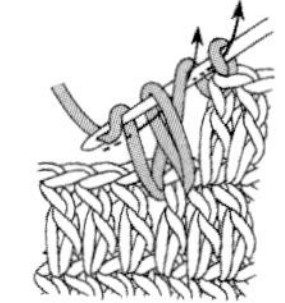
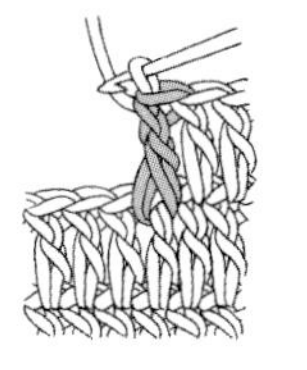

1 钩针挂线，从前面将钩针插入前一行的长针根部。

2 钩针挂线，并拉出较长的线。

3 钩针再次挂线，从钩针上的2个线圈中引拔出。相同动作再重复一次。

4 完成长针的正拉针。

长针的反拉针

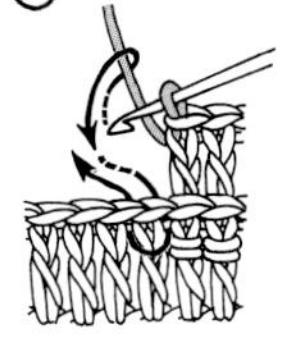
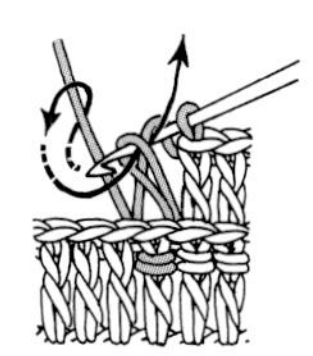
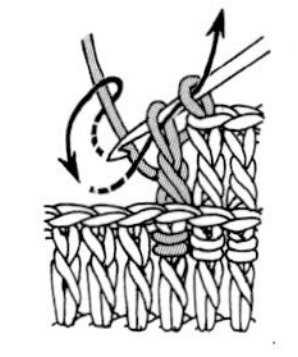
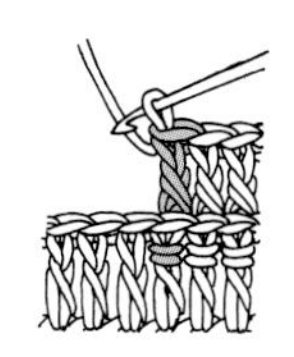

1 钩针挂线，从后面将钩针插入前一行的长针根部。

2 钩针挂线，如箭头所示向后面拉出较长的线。

3 拉出较长的线，钩针再次挂线，从钩针上的2个线圈中引拔出。相同动作再重复一次。

4 完成长针的反拉针。

变形的反短针

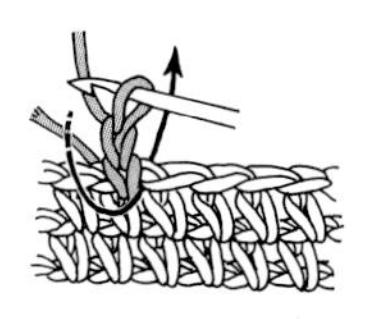
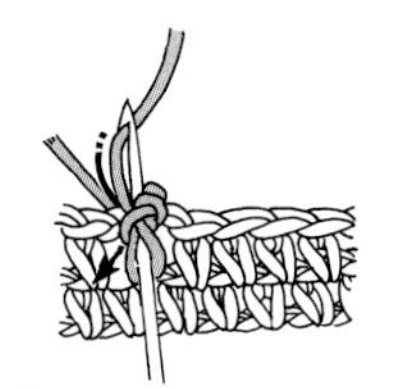
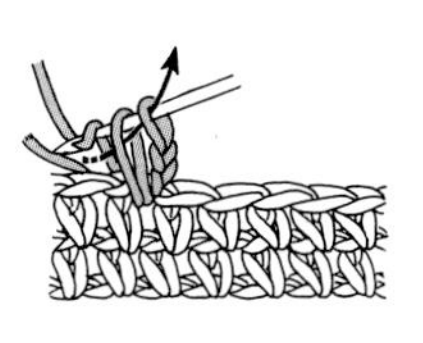
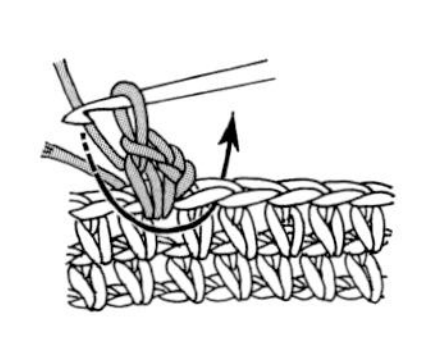
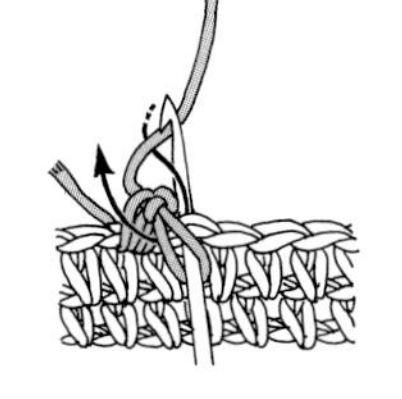
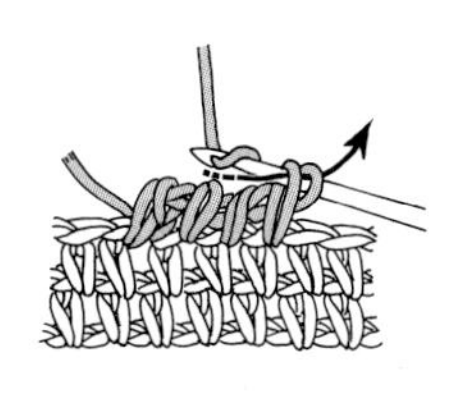

1 立织1针锁针，如箭头所示，从前面插入钩针。

2 钩针挂线，如箭头所示将线拉出。

3 钩针再次挂线，从2个线圈中一并引拔出。

4 如箭头所示，从前面的下个针目中插入钩针。

5 钩针挂线，如箭头所示将线拉出。

6 钩针再次挂线，从2个线圈中一并引拔出。重复此操作，继续钩织变形的反短针。

刺绣基础

直线绣

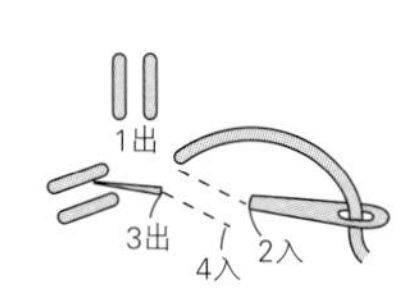

法式结粒绣

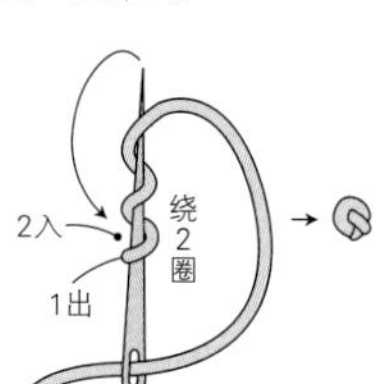

雏菊绣

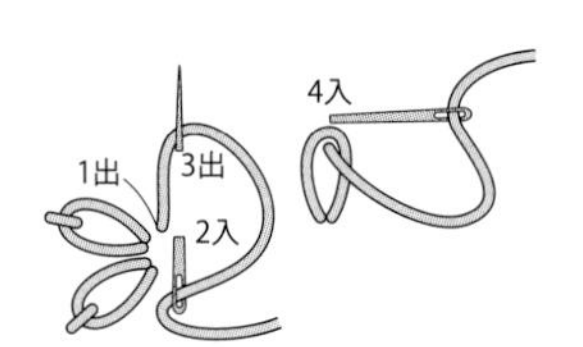

卷针结粒绣

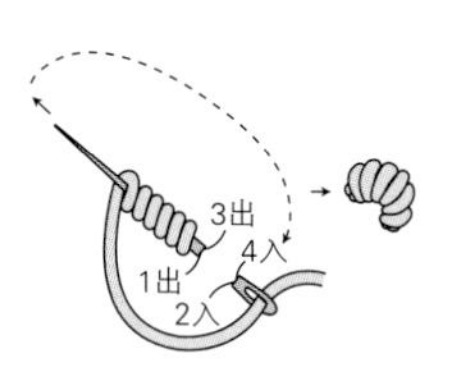

图书在版编目（CIP）数据

超可爱的钩针迷你小物100款/日本E&G创意编著；赵静译. —郑州：河南科学技术出版社，2020.11（2022.1重印）

ISBN 978-7-5725-0169-2

Ⅰ.①超… Ⅱ.①日… ②赵… Ⅲ.①钩针-编织-图集 Ⅳ.①TS935.521-64

中国版本图书馆CIP数据核字（2020）第181738号

出版发行：河南科学技术出版社
地址：郑州市郑东新区祥盛街27号 邮编：450016
电话：（0371）65737028 65788613
网址：www.hnstp.cn
策划编辑：刘 欣
责任编辑：刘 瑞
责任校对：王晓红
封面设计：张 伟
责任印制：张艳芳
印 刷：河南新达彩印有限公司
经 销：全国新华书店
开 本：889 mm × 1194 mm 1/16 印张：4 字数：120千字
版 次：2020年11月第1版 2022年1月第2次印刷
定 价：39.00 元